焊接裂纹声发射检测

何宽芳　彭延峰　卢清华　著

科学出版社

北　京

内 容 简 介

　　焊接裂纹是影响焊接结构质量的严重缺陷。在焊接过程中，由于局部热剧烈变化与冶金材料因素的影响，焊缝在复杂应力作用下易产生裂纹，从而影响焊接结构的密封性。焊接裂纹缺陷检测是焊接生产过程中质量保障和安全服役的重要环节。本书面向焊接裂纹声发射检测的工程应用，详细介绍焊接裂纹声发射信号采集、焊接裂纹声发射信号谐波特性分析、焊接裂纹声发射信号降噪、焊接裂纹声发射信号到达时间识别、焊接裂纹声发射源定位与裂纹类型识别、焊接裂纹声发射信号时频特征提取和基于声发射信号特征的焊接裂纹识别，形成焊接裂纹检测的新理论和新方法，为焊接裂纹在线检测提供基础理论和关键技术。

　　本书对焊接制造行业中从事焊接生产、质量检测、管理与维护工作的研究人员和工程技术人员有较大指导作用，也可作为高校学生学习和研究焊接过程质量监控技术的重要参考书。

图书在版编目(CIP)数据

焊接裂纹声发射检测/何宽芳，彭延峰，卢清华著.—北京：科学出版社，2021.11

ISBN 978-7-03-070292-0

Ⅰ.①焊… Ⅱ.①何… ②彭… ③卢… Ⅲ.①焊接缺陷-裂纹-声发射监测 Ⅳ.①TG441.7

中国版本图书馆 CIP 数据核字(2021)第 217251 号

责任编辑：裴　育　朱英彪　李　娜 / 责任校对：任苗苗
责任印制：吴兆东 / 封面设计：蓝正设计

科 学 出 版 社 出版
北京东黄城根北街 16 号
邮政编码：100717
http://www.sciencep.com
北京凌奇印刷有限责任公司 印刷
科学出版社发行　各地新华书店经销
*
2021 年 11 月第 一 版　开本：720 × 1000 1/16
2022 年 4 月第二次印刷　印张：11 1/2
字数：232 000

定价：88.00 元
(如有印装质量问题，我社负责调换)

前　言

随着现代制造工业对焊接生产效率要求的不断提高，焊接技术作为焊接结构高效化生产的主要途径，在造船、石油化工、电力、冶金、汽车等领域得到了广泛应用。然而，在焊接生产过程中，各种复杂因素的影响使得焊接质量难以得到保证，焊缝和热影响区金属在焊接冷却凝固过程中易产生热裂纹，而焊接热裂纹不仅会诱发冷裂纹、疲劳裂纹等，也可能直接导致焊接结构在服役过程中破断。为了有效抑制高速焊焊接裂纹，确保焊接结构质量及其服役安全性，必须对焊接裂纹进行检测。现在的焊接裂纹检测主要依靠焊后超声法、磁测法、X 射线法等无损检测方法或基于切割、拉伸、剪切和冲击实验的破坏性抽检方法，需要经历长时间、烦琐的检验流程且不能为焊接裂纹的抑制提供在线、准确的关键信息。因此，实现对焊接裂纹快速、准确的在线检测，为焊接裂纹的抑制提供实时的先验信息，确保高速焊焊接结构质量，实现焊接结构高效化生产，对于获得高质量的焊缝具有重要的意义。

近年来，作者将声发射检测技术有效应用于焊接裂纹的在线检测，主要对焊接过程声发射信号特征、微弱特征信息分离与提取、焊接裂纹声发射信号定位及焊接裂纹识别等科学问题进行了研究与探讨，取得了相应的进展，形成了焊接裂纹在线检测基础理论和关键技术。本书详细介绍了焊接裂纹声发射信号采集、焊接裂纹声发射信号谐波特性分析、焊接裂纹声发射信号降噪、焊接裂纹声发射信号到达时间识别、焊接裂纹声发射源定位与裂纹类型识别、焊接裂纹声发射信号时频特征提取和基于声发射信号特征的焊接裂纹识别等内容，并针对每部分给出应用实例。这些理论方法和技术手段为实现焊接裂纹快速、准确的在线检测，抑制焊接裂纹，确保焊接结构质量提供了有力的支撑。

本书汇聚了作者多年来在焊接裂纹声发射检测方面的研究成果，针对性和实用性强。同时，为便于广大现场工作人员参考，将基础理论研究与工程实际相结合，论述通俗易懂，深入浅出。

本书所涉及的研究工作得到了国家自然科学基金(62073089、51475159)和湖南省自然科学基金(2017JJ1015)等项目的资助，以及佛山科学技术学院机电工程与自动化学院和湖南科技大学机电工程学院的大力支持；硕士研究生卢伟、司银和夏梓雄承担了大量的书稿整理工作，在此一并致谢。

由于作者学识水平有限，书中难免存在不妥之处，恳望读者指教。

作　者

2021 年 7 月

目　　录

第1章 绪 论

焊接裂纹是一种影响焊接结构质量的严重缺陷。由于焊接过程中局部热剧烈变化及冶金材料因素的影响，焊接结构特别是轻金属结构在复杂应力作用下易产生裂纹，从而影响焊缝结构的密封性和强度。焊接裂纹缺陷检测是焊接生产过程质量保障和安全服役的重要环节。声发射检测技术作为一种动态无损检测技术，能够对结构内部损伤发展的全过程进行在线监测，具有为结构裂纹检测提供准确关键信息的功能，现已应用于焊接结构质量检测领域。利用声发射检测技术对焊接结构裂纹进行在线检测，可以为焊接结构质量及其服役安全性提供实时的先验信息，是保证焊接结构质量的重要手段之一。

1.1 焊接裂纹声发射检测的必要性与意义

焊接是焊接结构生产中应用最为广泛的制造加工技术，广泛应用于造船、石油化工、电力、冶金、汽车等领域[1]。在焊接生产过程中，受各种复杂因素的影响，焊接结构的焊缝和热影响区金属在焊接冷却凝固过程中易产生裂纹，直接影响焊接结构质量及其服役安全性，以及焊接结构生产效率[2,3]。因此，实现对焊接裂纹快速、准确的在线检测，为焊接裂纹的抑制提供实时的先验信息，确保高速焊焊接结构质量，实现焊接结构高效化生产，对于保证高质量的焊缝具有重要的意义。

焊接裂纹在线检测的关键在于，寻找和选择能够全面表征焊接裂纹形成与扩展运动状态产生的物理信息。在焊接冷却过程热冲击作用下，金属材料的受力变形、结晶凝固、位错运动以及裂纹形成或状态发生改变的情况，都会伴随着声发射信号的产生，声发射信号能够实时表征焊接裂纹产生及扩展的物理现象本质[4-6]。因此，可以通过分析接收到的声发射信号来检测与识别焊接裂纹状态，其基本思想是利用焊接裂纹形成及扩展过程中产生的声发射信号，提取能够反映裂纹形态和位置的声发射信号敏感特征信息，依据这些信息来检测与识别焊接裂纹的状态，实现焊接裂纹的在线检测。声发射检测作为能够实时表征金属材料内部结构动态变化物理现象本质的一种动态、在线的无损检测方法[7]，已经广泛应用于结构损伤检测、机械故障诊断、设备运行状态监测等方面[8-11]。在焊接结构的焊接裂纹状态变化过程中，产生的声发射信号作为材料内部能量释放的一种弹性波，相较于其他物理量信号能够更好地表征物质和结构的状态变化。牛晓光等[12]和蒋俊[13]利用声发射测试手段实现了典型焊接结构焊后服役期间疲劳裂纹缺陷的定位检测。

焊接裂纹状态变化所产生的声发射源信号具有多模态、非线性的特点，加上在声发射测试中受到实验机、传输电缆、试件与夹具连接的摩擦等产生噪声的干扰，采集到的声发射信号呈现出复杂、微弱的特性。常规声发射信号处理技术难以满足该类信号分析与处理的要求，需要研究焊接过程声发射信号的特征以及适合复杂噪声背景下声发射信号微弱特征提取的方法，为焊接裂纹声发射检测和识别提供特征信息。通过获取实时反映焊接裂纹状态的声发射信号特征信息，对焊接裂纹进行在线、准确的定位与识别，揭示影响焊接裂纹状态变化的关键因素，为抑制焊接裂纹提供先验信息，其核心在于构建声发射特征信息与焊接裂纹状态的映射关系。然而，由于焊接过程的高度非线性、多变量、强耦合的特点，检测到的特征信息对焊接质量指标的表征呈现非线性，加上其他影响因素的交互作用和影响，所以难以从理论上建立精确的数学模型[14]。

将声发射检测技术有效应用于焊接裂纹的在线检测，研究与探讨焊接过程声发射信号特征、特征信息分离与提取、焊接裂纹声发射定位及焊接裂纹识别等科学问题，解决复杂噪声背景下声发射信号微弱特征信息提取、焊接裂纹状态智能识别等关键问题，形成焊接裂纹声发射检测的新理论和新方法，为焊接热裂纹在线检测提供基础理论和关键技术，对于满足工程迫切需求、确保高速焊焊接结构质量、实现焊接结构高效化生产，具有重要的学术意义和工程应用价值。

1.2 焊接裂纹声发射检测的现状与发展

1.2.1 声发射检测技术在焊接质量监测中的应用

声发射是指材料表面或内部在外力或内力作用下发生变形或者损坏而快速释放应变能产生瞬态弹性波的现象[15]。声发射检测过程为，结构受到外部力的作用出现声发射，声发射源产生的高频弹性波传播到达结构件的表面，造成结构件表面出现位移；声发射传感器根据压电效应将结构表面的位移变形信号转换为电信号，由前置放大器对电信号进行放大，在系统主机显示出声发射信号的波形；采用信号处理技术对波形进行分析处理并提取相应的特征参数来评定结构内部的损伤特性[16]。声发射检测技术的研究始于 20 世纪 50 年代初的德国，并在接下来 60 多年的时间内得到了高速发展。我国的声发射检测技术研究起步于 20 世纪 70 年代，经过 20 多年的不懈奋斗，2000 年北京声华兴业科技有限公司自主研发出第一套数字化声发射信号采集系统。目前声发射检测技术已经应用于金属加工、航空航天等多个领域。

声发射检测技术是一种适用于各种材料结构状态的动态、在线无损检测的有效方法，与传统技术相比，有着受检测环境影响小、对几何形状不敏感、检测损伤的灵敏度和精度高、检测覆盖面广的优点，并且使用简单，只需在构件的合适位置安装声发射传感器，就可以实时检测结构服役过程状态信息，目前已经广泛应用于焊接过程状态的实时监测中。罗怡等[17]对铝合金熔化极惰性气体保护焊(metal inert-gas welding, MIGW)过程的结构负载声发射信号进行了在线监测，通过分析声发射信号特征参数实现了焊接过程中熔滴过渡行为对熔池冲击效应的量化表征；张勇等[18]提取了铝合金电阻点焊过程声发射信号的特征参数，并结合反向传播(back propagation, BP)神经网络对铝合金电阻点焊裂纹进行了实时监测；孙国豪等[19]进行了气孔、条渣、未焊透和无缺陷试件的声发射信号测试实验，并根据声发射信号的振铃计数、信号幅值、上升时间和能量的分布特点确定了不同焊接缺陷材料的声发射信号特性；柏青等[20]将声发射检测技术应用于摩擦叠焊焊接成形机理的研究中，通过监测焊接过程的声发射信号平稳性来保证焊接质量；朱洋等[21]通过分析在采用激光-微束等离子复合焊对 304 不锈钢进行焊接的过程中采集到的声发射信号特征，发现当激光离焦量为–2mm 时声发射波形与激光热源的周期性相符；张炜等[22]利用声发射检测技术对手工焊冷却过程进行实时监测，分析了高强度钢在手工焊冷却过程中所产生的活性裂纹声发射信号的特性；张新明[23]研究了不同材料的声发射信号传播特性，得到了相应材料在不同焊接电流下的声发射参数的分布以及随时间变化的规律；吴小俊[24]将声发射检测技术应用于焊接裂纹状态监测实用化的研究，开发了基于虚拟仪器(virtual instrument)的焊接裂纹声发射信号监测平台；叶赵伟等[25]设计了搅拌摩擦焊过程工具磨损状态声发射信号在线监测系统，分析了不同工艺参数条件下搅拌头磨损过程声发射信号的特征；何宽芳等[26-28]为了实现对焊接过程中结构裂纹声发射信号特征的研究，研制了焊接裂纹声发射信号测试实验平台，该平台既能够准确、方便地评定焊接结构裂纹的发展趋势，又能够对焊接结构裂纹动态变化过程中产生的声发射信号进行多通道同步、在线测试。

1.2.2　声发射信号分析与处理

近年来，在声发射信号分析与特征提取方面，小波分析理论、独立分量分析(independent component analysis, ICA)方法、分形理论、高阶谱估计方法、经验模态分解(empirical mode decomposition, EMD)等现代信号处理方法表现突出，受到了研究人员越来越多的关注。将小波分析理论引入声发射信号处理中始于 20 世纪90 年代。1998 年，崔岩等[29]研究了基于声发射小波分析的非连续增强金属复合材料界面特征。随后小波分析理论被迅速应用到声发射领域，Li 等[30]利用对声发射信号的小波变换提取了能够反映碳纤维增强复合材料桥电缆疲劳损伤特性的时频特征；郭民臣等[31]研究了声发射信号小波降噪方法，对轴承的碰撞摩擦情况进行了判断。ICA 方法是盲源分离的主要方法之一，基本原理是在源信号和信号混合模型未知的情况下，将多通道观测信号按照统计独立的原则通过优化算法分解为若干个独立分量。Kosel 等[32]将 ICA 方法引入铝板声发射信号处理中进行了声发射源的定位研究，证明了在多声发射源定位中 ICA 方法是可行的；Albarbar 等[33]将声发射信号测量和 ICA 方法结合，对柴油机燃油喷射状态进行了监控；李卿等[34]采用 ICA 方法对刀具破损、切屑折断和环境噪声三个状态的声发射信号源进行了有效分离；Cheng[35]将 ICA 方法应用于金属腐蚀声发射信号处理中。分形理论的研究方法主要是通过分形维数来定量描述形体不规则的程度。Huang 等[36]研究了基于分形理论和声发射检测技术的结构损伤评估方法；吴贤振等[37]计算了岩石声发射率、声发射能力的关联维数，发现岩石破裂过程中声发射序列具有分形特征，同时提出将声发射分维值的持续下降作为岩体破裂失稳的前兆；Li 等[38]将分形维数和声发射检测应用于钢拉索疲劳损伤的定量评估和预警中。高阶谱估计方法是近年来信号处理领域中涌现出来的一种数学工具，具有分辨率高、抗噪声能力强的优点，能够提取出测量信号的非高斯特征。Beck 等[39]利用高阶谱技术定量研究了混凝土的裂纹参数与声发射释放的能量之间的关系；刘国华等[40]提出了一种基于高阶谱技术的声发射信号特征提取的新方法，通过对声发射信号的双谱分析，提取了混凝土在不同载荷作用阶段下声发射信号的非高斯特征参数；Xiao 等[41]在从损坏部件采集声发射信号的基础上，提出了基于 Wigner-Ville 分布和高阶谱的声发射信号特征提取与故障诊断方法。EMD 是一种具有自适应特性的非平稳信号分析方法，具有极高的时频分辨率和良好的时频聚焦性，非常适合于非平稳、非线性声发射信号的分析。Li 等[42]将希尔伯特-黄变换(Hilbert-Huang transform, HHT)应用于声发射信号特征提取，进行结构裂纹的识别；Li 等[43]和 He 等[44]分别研究了滚动轴承裂纹的声发射信号，并将小波变换与 EMD 结合对滚动轴承的声发射信号进行了降噪和故障特征提取，取得了良好的效果。

近年来，同步压缩变换(synchro squeezing transform, SST)方法在不同领域得到了广泛应用。Li 等[45]对齿轮箱进行了 SST 故障诊断，并取得了良好的效果；汪祥莉等[46,47]提出了基于 SST 的非平稳信号频率成分自适应提取方法，并对非平稳谐波信号进行了抽取；Amezquita-Sanchez 等[48]将 SST 方法用于智能高层建筑结构损伤严重程度的检测、定位和量化中，其有效性已被验证；刘景良等[49]提出了一种基于 SST 的时变损伤检测方法，可成功地提取受损结构的瞬时频率并且有效地定位时变损伤；喻敏等[50]将 SST 方法应用于电力信号间的谐波检测中，并与 EMD 和小波分解方法进行了比较，发现 SST 方法具有抗噪能力强、提取参数稳定、模态分离能力强的特点；Jiang 等[51]结合瞬时频率嵌入和同步压缩变换（instantaneous frequency-embedded synchro squeezing transform, IFE-SST），得到了准确的瞬时频率估计和多分量信号分离结果；He 等[52-54]研究了焊接过程声发射信号特征，分别应用同步压缩小波变换与 S 变换对焊接过程声发射信号进行了裂纹特征提取，并与连续小波变换应用于声发射信号的时频特征提取效果进行对比，获得了焊接裂纹声发射信号的时频域分布范围。

1.2.3　焊接裂纹状态识别

随着人工智能方法在焊接领域中的应用，神经网络技术在焊接质量检测方面应用的研究取得了一定的进展。Masnata 等[55]采用神经网络技术结合超声检测方法，实现了焊接气孔、夹渣和裂纹缺陷的检测；刚铁[56]采用 BP 神经网络方法对气孔、裂纹和未焊透三种焊接缺陷进行了诊断与分类，获得了良好的识别效果；Huang 等[57]将神经网络和多元回归方法应用于激光焊接焊缝熔深的深度表征；Gao 等[58]将神经网络技术与嵌入卡尔曼滤波器应用在高功率光纤激光焊接的焊缝监测中。这些研究表明神经网络技术在焊接质量检测中已有一定的应用，但神经网络模型的建立需要大量的训练样本。有学者将支持向量机(support vector machine, SVM)应用到焊接质量检测中。刘鹏飞等[59]建立了两类 SVM 模型，实现了对点焊飞溅和小尺寸熔核两种缺陷的综合检测；申俊琦等[60]建立了 CO_2 焊接焊缝尺寸 SVM 模型，分别运用线性核函数、多项式核函数、高斯径向基核函数和指数径向基核函数对焊缝熔宽、焊缝熔深和焊缝余高进行了预测；Mu 等[61]将主成分分析(principal component analysis, PCA)和 SVM 结合应用于焊接缺陷检测，实现焊接缺陷的自动分类。SVM 适于处理状态分类，即使在小样本情况下，也可以得到较好的训练与识别结果，但是在焊接质量检测建模过程中，核函数和参数的选取没有比较好的方法，往往只能凭借经验，在复杂条件下学习算法对噪声比较敏感，加上基于 SVM 的状态识别方法只依照当前时刻的信号特征进行识别，未能充分利用信号前后时刻的状态信息，因而存在一定的局限性。另外，也有学者提出将隐马尔可夫模型(hidden Markov model, HMM)应用到焊接质量检测过程中以处理前后存在时间关系的状态信息。Jäger 等[62]在动态激光焊接工艺的质量监控研究中，引入 HMM 来捕获存在时间依赖性和未标记序列的遥感影像数据信息；Hwang 等[63]提出了一种基于 HMM 的机械运行状态检测与识别方法，并成功应用于焊接状态监测。HMM 是基于概率的随机过程，适合处理连续动态信号，可以有效利用状态前后时刻的状态转移和依赖关系，克服了基于 SVM 的状态识别方法未能充分利用信号前后时刻的状态信息这一局限性，但是 HMM 在实际应用中存在初始参数设置不确定、多样本训练下溢和模型泛化等问题[64,65]。HMM 已在焊接质量检测方面得到初步应用，但还需进一步解决存在的问题，研究其应用适应性，发挥其优势。

人工智能技术为定量化焊接质量模式识别提供了可能，推动了焊接质量检测技术的进步。但在目前的焊接质量检测中，大多数方法都是采用单一人工智能技术，往往不能兼顾焊接质量检测中存在的小样本、状态演化、随机、多信息输入和非线性等问题。随着计算机技术与人工智能技术的发展，有研究将神经网络、模糊理论、专家系统等智能技术结合起来构成混合智能系统，弥补了单一人工智能技术的不足。这种混合智能系统为焊接质量智能检测技术的改进和提升提供了一种新的思路，将有望提高焊接质量检测的精度和通用性。李奇[66]采用同步压缩小波变换对焊接过程声发射信号进行了特征提取，对比了 HMM 和 SVM 方法的优缺点，将两种方法结合提出了基于声发射特征的混合智能裂纹识别模型，有效提升了识别精度。

1.3　焊接裂纹声发射检测内容及特征

焊接过程声发射信号的特性，赋予了焊接裂纹声发射信号分析处理与智能检测新的内容及特征：

(1)由于焊接过程中采集到的结构裂纹形成及状态变化所产生的声发射源信号具有多模态、非线性的特点，加上声发射测试中受到试件与夹具连接的摩擦、电弧冲击的干扰，所以声发射信号呈现出多声发射源共存、特征微弱的特点。采用 EMD、局部均值分解(local mean decomposition, LMD)等现代信号处理方法进行分解时，通常只依据时间特征尺度对信号进行自适应分解，得到的模态函数分量往往包含多个尺度特征信号，存在模态混叠的现象，难以匹配裂纹声发射信号中的不同特征信息，无法保证分解得到的声发射特征信号源的单一性，因此难以实现焊接裂纹声发射信号的有效分解。如何实现焊接结构裂纹激励源声发射信号的分离与提取，为焊接结构裂纹声发射检测提供理论与方法，是实现焊接结构裂纹声发射检测的关键。

(2)焊接裂纹声发射信号存在频带重叠现象，呈现出复杂噪声背景下信号特征微弱的特点。单一的小波基无法同时具有对称性、正交性、紧支性和高阶消失矩等优良特性，难以有效匹配信号中的不同特征信息，从而难以有效实现复杂噪声背景下声发射信号降噪的目的。

(3)焊接裂纹声发射信号是一种非平稳、非线性的随机信号，目前常用的基于分形维数、李雅普诺夫指数(Lyapunov exponent)等非线性分析方法具有所需数据量大、易受噪声影响等问题，难以满足焊接裂纹声发射信号小样本、复杂噪声背景的特性。同时，焊接裂纹声发射信号具有复杂噪声背景下特征微弱的特性，采用现有时频分析方法提取的焊接裂纹声发射信号特征空间存在维度较高、裂纹状态特征不明显等问题，难以体现焊接裂纹声发射信号的特征信息，且难以构建反映裂纹状态的敏感特征量。

(4)声发射源定位的准确程度反映了声发射源的检测位置与实际出现的裂纹激励源位置的符合程度。对于突发型信号，常用的声发射源定位算法主要分为时差定位算法和区域定位算法。其中，时差定位算法具有运算量小、实时性好、成本低等优点，且确定的声发射源位置为一个点，因此被广泛用于裂纹声发射源定位中。准确获取声发射信号到达传感器的时间能有效提高定位精度。传感器采集到的铝合金平板结构焊接裂纹声发射信号包含了大量的噪声信号，传统的固定阈值法容易造成到达时间的滞后识别或提前识别，当波速较大时，会产生不可忽略的定位误差；在实际声发射过程中不可能采集到无限长的信号序列，计算时只能用有限序列来代替等式中的无限序列。此外，由于无法保证声发射信号与噪声之间，以及噪声与噪声之间完全没有相关性，由互相关分析法获取的时差存在一定的误差，从而影响声发射源的定位精度。

(5)外力作用下裂纹扩展声发射可以看作已有或新形成裂纹面上受冲击载荷作用而产生的弹性应力波，其声发射源可以由两个对称力偶来描述。矩张量是裂纹激励源等效力的概念，可用来对铝合金平板结构焊接裂纹激励源进行描述。当利用声发射检测技术对平板焊接结构进行在线监测时，获取裂纹类型至关重要。铝合金平板结构焊接裂纹类型主要包括拉伸裂纹、剪切裂纹和混合型裂纹，不同类型的裂纹会产生相应的声发射信号，对不同类型的裂纹进行准确识别，是确保焊接结构质量及其服役安全性的关键问题之一。

(6)焊接过程及焊接结果具有不可重复性，通过焊接实验往往难以获得大量的样本数据，导致焊接裂纹状态识别受到样本数量的限制。此外，焊接过程结构材料会经历弹塑性变形到裂纹形成或扩展的状态演化，产生的声发射信号有连续型、突变型和混合型，提取的表征裂纹状态的特征信息具有多参量、随机性与非线性的特点。基于这两个方面的影响，采用单一的人工智能技术难以建立有效的基于声发射敏感特征信息的裂纹识别模型。

1.4 本书主要内容

第 1 章介绍了焊接裂纹声发射检测的必要性与意义，并从声发射技术在焊接质量监测中的应用、声发射信号分析与处理、焊接裂纹状态识别三个方面介绍了焊接裂纹声发射检测的现状与发展；同时，从焊接裂纹声发射信号特性、信号分析与处理、声发射源定位和焊接裂纹智能识别等方面介绍了焊接裂纹声发射检测技术的特点。

第 2 章主要介绍焊接裂纹声发射信号采集的相关内容，包括焊接裂纹声发射信号测试实验平台、焊机、焊接横向拘束压力可调实验装置、焊接裂纹声发射信号采集系统和焊接裂纹声发射信号采集方案及实验。以焊接铸铁手工焊、铝合金熔化极惰性气体(metal inert-gas, MIG)保护焊作为研究对象，分别对焊接电弧冲击激励源、焊接摩擦激励源、焊接结构裂纹激励源、焊接加热过程混合激励源和焊接冷却过程混合激励源的声发射信号进行有效采集。

第 3 章主要介绍一种基于谐波分析的多激励源声发射信号提取方法，该方法首先将信号片段拟合成自回归(autoregressive, AR)矩阵，然后采用奇异值分解(singular value decomposition, SVD)方法对谐波层数进行判断，确定信号有效谐波的层数，最后采用快速傅里叶变换(fast Fourier transform, FFT)将有效谐波分离出来进行重构得到有效信号，并获得信号谐波幅值、相位及其频率等相关特性，对构建的多激励源声发射仿真信号进行分离与提取，验证了该方法的有效性。同时，针对焊接电弧冲击、焊接摩擦、焊接结构裂纹激励源实测声发射信号，应用基于谐波分析的特征信号提取方法实现混合激励源声发射信号的有效分离与提取，获得各种激励源声发射信号的频域特性。

第 4 章主要介绍一种基于 EMD 和小波包的降噪方法，首先，采用 EMD 将原始信号自适应分解成若干个固有模态函数(intrinsic mode function, IMF)分量，根据特征信号的频段分布特征，选取包含特征信号的有效 IMF 分量；其次，采用不同的小波基对各有效 IMF 分量进行小波包软阈值降噪；最后，将降噪后的各有效 IMF 分量组合重构，实现信号降噪。分别利用基于 EMD 和小波包的降噪方法与 EMD 降噪方法、小波包降噪方法进行性能对比分析，验证了基于 EMD 和小波包的降噪方法的有效性。利用基于 EMD 和小波包的降噪方法对铝合金平板结构焊接裂纹声发射信号进行降噪处理，有效实现铝合金平板结构焊接裂纹声发射信号的降噪。

第 5 章针对焊接过程复杂噪声背景下微弱声发射信号到达时间准确识别的问题，介绍几种常用的声发射信号到达时间识别方法，并详细介绍基于降噪处理的自回归-赤池信息量准则(autoregressive-Akaike information criterion, AR-AIC)方法，实现声发射信号到达时间的识别。以理论计算值为标准，结合铝合金平板结构焊缝处断铅声发射采集实验，对比不同获取声发射信号到达时间方法的精度，验证基于降噪处理的 AR-AIC 方法识别铝合金平板结构焊接裂纹声发射信号的有效性。

第 6 章介绍声发射源时差定位原理以及最小二乘定位算法、单纯形迭代定位算法的基本理论与方法，提出一种基于最小二乘法的单纯形迭代定位算法；结合铝合金平板焊缝处断铅声发射测试实验，分别采用最小二乘定位算法、单纯形迭代定位算法以及基于最小二乘法的单纯形迭代定位算法对采集到的声发射源信号进行定位分析，通过比较各种算法的迭代次数及定位精度，验证基于最小二乘法的单纯形迭代定位算法的有效性和优势。

第 7 章介绍一种基于矩张量反演方法的平板结构焊接裂纹类型识别方法，该方法将拉伸裂纹和剪切裂纹等效于矩张量力学模型，对检测到的声发射信号进行特征计算，根据特征量计算结果对结构裂纹类型进行判断。通过设计铝合金平板结构焊缝拉伸裂纹和剪切裂纹声发射信号测试实验，将矩张量反演方法应用于铝合金平板结构焊缝拉伸裂纹和剪切裂纹声发射信号的识别分析，验证了该方法在平板结构焊接裂纹类型识别中的有效性。

第 8 章介绍一种基于频率特征的焊接裂纹声发射信号 SST 分解方法，并结合近似熵理论与主成分分析方法，形成焊接裂纹声发射信号特征构建方法。将该方法应用于焊接加热过程混合激励源声发射信号的分解与特征提取，首先，选取焊接加热过程混合激励源声发射信号进行基于频率特征的 SST 分解，得到各模态声发射信号在时频联合域中的能量分布；然后，采用 PCA 方法进行特征增强处理，获得特征增强后的信号；最后，计算重构信号的近似熵数值，构建定量表征焊接裂纹声发射信号的特征量。结果表明，构建的近似熵特征向量凸显了焊接各模态声发射信号的特征表征能力，能作为裂纹声发射信号定量识别的有效数值指标。

第 9 章介绍 HMM 和 SVM 的原理及算法，并将两种算法分别应用于焊接裂纹识别，分析 HMM 和 SVM 的识别特性。针对焊接裂纹识别中的小样本、状态演化、多信息输入和非线性等问题，结合 HMM 的状态转移、依赖能力和 SVM 在小样本下的强二分类能力，提出一种基于 HMM-SVM 的焊接裂纹识别模型，该模型由 HMM 进行初步筛选，得到焊接裂纹演变过程中最为接近的两种可能状态，再采用 SVM 分类器得到最终识别结果。同时，设计焊件拉伸过程声发射信号测试实验和焊接冷却过程裂纹声发射信号测试实验，将模型应用于焊接裂纹识别中，验证了基于 HMM-SVM 的焊接裂纹识别方法的有效性。

参 考 文 献

[1] 殷树言. 高效弧焊技术的研究进展[J]. 焊接, 2006, (10): 7-14.

[2] 周正干, 刘斯明. 非线性无损检测技术的研究、应用和发展[J]. 机械工程学报, 2011, 47(8): 2-11.

[3] 封秀敏, 刘丽婷. 焊接结构的无损检测技术[J]. 焊接技术, 2011, 40(6): 51-54.

[4] Jiang P F, Wood J D. The features of acoustic emission during GTAW welding low carbon steel[D]. Bethlehem: Lehigh University, 1989.

[5] Ploshikhin V, Prihodovsky A, Ilin A. Experimental investigation of the hot cracking mechanism in welds on the microscopic scale[J]. Frontiers of Materials Science, 2011, 5(2): 135-145.

[6] Gao Z G. Numerical modeling to understand liquation cracking propensity during laser and laser hybrid welding[J]. The International Journal of Advanced Manufacturing Technology, 2012, 63(1-4): 291-303.

[7] Scruby C B. An introduction to acoustic emission[J]. Journal of Physics E: Scientific Instruments, 1987, 20(8): 946-953.

[8] 王蒙, 阳能军, 王新刚. 声发射检测技术研究现状与发展趋势[C]. 中国振动工程学会第七次全国会员代表大会暨第十届全国振动理论及应用学术会议, 南京, 2011: 211-216.

[9] 郝如江, 卢文秀, 褚福磊. 形态滤波在滚动轴承故障声发射信号处理中的应用[J]. 清华大学学报(自然科学版), 2008, 48(5): 812-815.

[10] He Y Y, Yin X Y, Chu F L. Modal analysis of rubbing acoustic emission for rotor-bearing system based on reassigned wavelet scalogram[J]. Journal of Vibration and Acoustics, 2008, 130(6): 061009.

[11] 何永勇, 印欣运, 褚福磊. 基于小波尺度谱的转子系统碰摩声发射特性[J]. 机械工程学报, 2007, 43(6): 149-153.

[12] 牛晓光, 郝晓军, 刘长福, 等. 声发射技术在含缺陷汽包管座检测中的应用[J]. 焊接技术, 2011, 40(10): 58-60, 2.

[13] 蒋俊. 加氢反应器堆焊层裂纹高温在线声发射监测[C]. 中国机械工程学会压力容器分会第七届压力容器及管道使用管理学术会议暨使用管理委员会七届二次会议, 威海, 2011: 76-93.

[14] 王玉, 高大路, 张光. 人工智能新技术在焊接中的应用及发展趋势[J]. 机械科学与技术, 2002, 21(3): 494-496.

[15] Mirhadizadeh S A, Moncholi E P, Mba D. Influence of operational variables in a hydrodynamic bearing on the generation of acoustic emission[J]. Tribology International, 2010, 43(9): 1760-1767.

[16] 于金涛. 声发射信号处理算法研究[M]. 北京: 化学工业出版社, 2017.

[17] 罗怡, 谢小健, 朱亮, 等. 铝合金 P-MIG 焊接过程熔滴过渡行为的结构负载声发射表征[J]. 焊接学报, 2016, 37(5): 102-106, 133.

[18] 张勇, 周昀芸, 王博, 等. 基于声发射信号的铝合金点焊裂纹神经网络监测[J]. 机械工程学报, 2016, 52(16): 1-7.

[19] 孙国豪, 柏明清, 王希, 等. 缺陷试板拉伸过程声发射信号特性的相关性分析[J]. 无损检测, 2010, 32(8): 623-626.

[20] 柏青, 周灿丰, 高辉, 等. 摩擦叠焊工艺中声发射技术的应用前景[J]. 新技术新工艺, 2014, (7): 73-76.

[21] 朱洋, 罗怡, 谢小健, 等. 激光-微束等离子弧复合焊接过程的结构负载声发射信号表征[J]. 焊接学报, 2016, 37(9): 96-100, 133.

[22] 张炜, 冷建兴, 张伟. 高强度钢手工焊接后过程的声发射实时监测研究[J]. 应用声学, 2004, 23 (3): 1-6.

[23] 张新明. 基于声发射技术的焊接过程信号研究[D]. 南京: 南京理工大学, 2013.

[24] 吴小俊. 声发射技术在焊接裂纹检测中的应用研究[D]. 重庆: 重庆大学, 2008.

[25] 叶赵伟, 朱永成, 左敦稳, 等. 基于声发射技术的搅拌摩擦焊接工具磨损监测[J]. 南京航空航天大学学报, 2018, 50 (3): 404-410.

[26] 何宽芳, 成勇, 肖冬明, 等. 一种焊接拘束应力可调试验装置: CN104880364B[P]. 2015.

[27] 何宽芳, 成勇, 谭智, 等. 一种高速焊热裂纹声发射动态检测装置: CN204330686U[P]. 2015.

[28] 何宽芳, 成勇, 王文韬, 等. 一种高速焊声发射裂纹检测系统: CN204679453U[P]. 2015.

[29] 崔岩, 李小俚, 彭华新, 等. 基于声发射小波分析的非连续增强金属基复合材料界面表征[J]. 科学通报, 1998, 43 (6): 656-657.

[30] Li D S, Hu Q, Ou J P, et al. Fatigue damage characterization of carbon fiber reinforced polymer bridge cables: Wavelet transform analysis for clustering acoustic emission data[J]. Science China: Technological Sciences, 2011, 54 (2): 379-387.

[31] 郭民臣, 梅勇, 马英, 等. 基于 LabVIEW 的声发射信号小波降噪方法研究[J]. 动力工程学报, 2012, 32 (6): 450-453.

[32] Kosel T, Grabec I, Kosel F. Time-delay estimation of acoustic emission signals using ICA[J]. Ultrasonics, 2002, 40 (1-8): 303-306.

[33] Albarbar A, Gu F, Ball A D. Diesel engine fuel injection monitoring using acoustic measurements and independent component analysis[J]. Measurement, 2010, 43 (10): 1376-1386.

[34] 李卿, 邵华, 陈群涛, 等. 基于独立分量分析的切削声发射源信号分离[J]. 工具技术, 2011, 45 (6): 35-39.

[35] Cheng Y. Application of independent component analysis in metal corrosion acoustic emission signal processing[C]. International Conference on Quality, Reliability, Risk, Maintenance, and Safety Engineering, Chengdu, 2012: 648-650.

[36] Huang Y, Li H, Yan X, et al. Fractal theory based damage assessing method of acoustic emission test[J]. Key Engineering Materials, 2009, 413-414: 335-342.

[37] 吴贤振, 刘祥鑫, 梁正召, 等. 不同岩石破裂全过程的声发射序列分形特征试验研究[J]. 岩土力学, 2011, 33 (12): 3561-3569.

[38] Li H, Huang Y, Chen W L, et al. Estimation and warning of fatigue damage of FRP stay cables based on acoustic emission techniques and fractal theory[J]. Computer-Aided Civil and Infrastructure Engineering, 2011, 26 (7): 500-512.

[39] Beck P, Bradshaw T P, Lark R J, et al. A quantitative study of the relationship between concrete crack parameters and acoustic emission energy released during failure[J]. Key Engineering Materials, 2003, 245-346: 461-466.

[40] 刘国华, 黄平捷, 杨金泉, 等. 基于高阶谱的混凝土材料断裂声发射特征提取[J]. 吉林大学学报(工学版), 2009, 39(3): 803-808.

[41] Xiao S W, Liao C J, Li X J. Applications of Wigner high-order spectra in feature extraction of acoustic emission signals[J]. Engineering Sciences, 2009, 7(3): 59-65.

[42] Li L, Chu F L. Feature extraction of AE characteristics in offshore structure model using Hilbert-Huang transform[J]. Measurement, 2011, 44(1): 46-54.

[43] Li X J, Deng Z Q, Jiang L L, et al. Feature extraction of early AE signal based on the lifting wavelet and empirical mode decomposition[J]. Advanced Engineering Forum, 2012, 2-3: 193-199.

[44] He K F, Wu J G, Wang G B. Acoustic emission signal feature extraction in rotor crack fault diagnosis[J]. Journal of Computers, 2012, 7(9): 2120-2127.

[45] Li C, Liang M. Time-frequency signal analysis for gearbox fault diagnosis using a generalized synchrosqueezing transform[J]. Mechanical Systems and Signal Processing, 2012, 26: 205-217.

[46] 汪祥莉, 王斌, 王文波, 等. 混沌背景下非平稳谐波信号的自适应同步挤压小波变换提取[J]. 物理学报, 2016, 65(20): 10-20.

[47] 汪祥莉, 王斌, 王文波, 等. 混沌干扰中基于同步挤压小波变换的谐波信号提取方法[J]. 物理学报, 2015, 64(10): 11-20.

[48] Amezquita-Sanchez J P, Adeli H. Synchrosqueezed wavelet transform-fractality model for locating, detecting, and quantifying damage in smart highrise building structures[J]. Smart Materials and Structures, 2015, 24(6): 82-94.

[49] 刘景良, 郑锦仰, 郑文婷, 等. 基于改进同步挤压小波变换识别信号瞬时频率[J]. 振动、测试与诊断, 2017, 37(4): 814-821, 848.

[50] 喻敏, 王斌, 王文波, 等. 基于SST的间谐波检测方法[J]. 中国电机工程学报, 2016, 36(11): 2944-2951.

[51] Jiang Q T, Suter B W. Instantaneous frequency estimation based on synchrosqueezing wavelet transform[J]. Signal Processing, 2017, 138: 167-181.

[52] He K F, Li Q, Yang Q. Characteristic analysis of welding crack acoustic emission signals using synchrosqueezed wavelet transform[J]. Journal of Testing and Evaluation, 2018, 46(6): 1-14.

[53] He K F, Xiao S W, Li X J. Time-frequency characteristics of acoustic emission signal for monitoring of welding structural state using Stockwell transform[J]. The Journal of the Acoustical Society of America, 2019, 145(1): 469-479.

[54] He K F, Liu X N, Yang Q, et al. An extraction method of welding crack acoustic emission signal using harmonic analysis[J]. Measurement, 2017, 103: 311-320.

[55] Masnata A, Sunseri M. Neural network classification of flaws detected by ultrasonic means[J]. NDT & E International, 1996, 29(2): 87-93.

[56] 刚铁. 基于神经网络的焊接缺陷智能化超声模式识别与诊断[J]. 无损检测, 1999, 21(12): 529-532, 548.

[57] Huang W, Kovacevic R. A neural network and multiple regression method for the characterization of the depth of weld penetration in laser welding based on acoustic signatures[J]. Journal of Intelligent Manufacturing, 2011, 22(2): 131-143.

[58] Gao X D, You D Y, Katayama S. Seam tracking monitoring based on adaptive Kalman filter embedded Elman neural network during high-power fiber laser welding[J]. IEEE Transactions on Industrial Electronics, 2012, 59(11): 4315-4325.

[59] 刘鹏飞, 单平, 罗震. 基于信号分形与支持向量机的点焊检测方法[J]. 焊接学报, 2007, 28(12): 38-42, 115.

[60] 申俊琦, 胡绳荪, 冯胜强, 等. 基于支持向量机的焊缝尺寸预测[J]. 焊接学报, 2010, 31(2): 103-106, 118.

[61] Mu W L, Gao J M, Jiang H Q, et al. Automatic classification approach to weld defects based on PCA and SVM[J]. Insight-Non-Destructive Testing and Condition Monitoring, 2013, 55(10): 535-539.

[62] Jäger, M, Hamprecht F A. Principal component imagery for the quality monitoring of dynamic laser welding processes[J]. IEEE Transactions on Industrial Electronics, 2009, 56(4): 1307-1313.

[63] Hwang K H, Lee J M, Hwang Y. A new machine condition monitoring method based on likelihood change of a stochastic model[J]. Mechanical Systems and Signal Processing, 2013, 41(1-2): 357-365.

[64] Dong M, He D. A segmental hidden semi-Markov model(HSMM)-based diagnostics and prognostics framework and methodology[J]. Mechanical Systems and Signal Processing, 2007, 21(5): 2248-2266.

[65] Baruque B, Corchado E, Mata A, et al. A forecasting solution to the oil spill problem based on a hybrid intelligent system[J]. Information Sciences, 2010, 180(10): 2029-2043.

[66] 李奇. 基于声发射信号特征的焊接裂纹识别[D]. 湘潭: 湖南科技大学, 2018.

第 2 章　焊接裂纹声发射信号采集

为了研究焊接过程中结构裂纹声发射信号的特性，有必要开发焊接裂纹声发射信号测试实验平台，该实验平台必须能够满足模拟焊接裂纹条件，既能够准确、方便地评定焊接结构裂纹的发展趋势，又能够对焊接结构裂纹动态变化过程中产生的声发射信号进行多通道同步、在线采集。在焊接裂纹声发射信号测试实验平台上，可以模拟焊接裂纹的产生与扩展，并同步采集声发射信号，完成对焊接裂纹声发射信号的采集实验。通过对焊接裂纹声发射信号进行采集和特性分析，能够为声发射信号分析、处理与焊接裂纹检测提供数据基础和先验信息。

2.1　焊接裂纹声发射信号测试实验平台

焊接过程及结果具有不可重复性，实际焊接结构裂纹的形成与扩展又具有随机性、瞬时性、不可预测性[1]。为实现焊接裂纹的模拟与声发射信号的同步测试，焊接裂纹声发射信号测试实验平台共分为三大模块：焊机、横向拘束压力可调实验装置、声发射信号采集系统。图 2.1 为焊接裂纹声发射信号测试实验平台工作原理示意图。

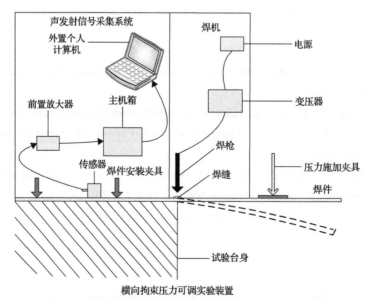

图 2.1　焊接裂纹声发射信号测试实验平台工作原理示意图

实验过程中选择不同的焊机、焊接材料进行焊接工作，由横向拘束压力可调实验装置给焊接结构施加稳定压力，模拟不同焊接实验条件下焊接结构裂纹形成及扩展的动态变化过程，通过声发射信号采集系统实现实验过程中声发射信号的多通道在线采集[2,3]。图 2.2 为焊接裂纹声发射信号测试实验平台实物图。

焊件安装夹具　焊枪　实验台身主体　压力施加夹具　声发射信号采集系统主机箱　变压器　传感器　前置放大器　外置个人计算机

图 2.2　焊接裂纹声发射信号测试实验平台实物图

2.2　焊　　机

焊机是焊接结构裂纹声发信号测试实验平台的基础模块，由电源、焊枪、辅助机构组成[4]。焊机主要利用电路短路产生高温的原理，使得金属焊丝融化填充焊缝达到焊接的效果[5,6]。焊机分为自动焊机和手工焊机两种，图 2.3 为熔化极惰性气体保护焊自动焊机实物图，图 2.4 为手工焊机实物图。

图 2.3　熔化极惰性气体保护焊自动焊机实物图

图 2.4　手工焊机实物图

实验过程中，可以依据不同要求对焊机模块进行选择，本书研究的实验对象为铸铁手工焊和铝合金氩弧焊。通过调节焊接电流、焊接电压、焊接速度等相关参数，可以获得不同的焊缝形状与质量，也可以使结构在焊接实验过程中产生裂纹。

2.3　横向拘束压力可调实验装置

横向拘束压力可调实验装置设计参考了可调拘束实验的要求，能够在不同的工作条件下稳定地给焊件施加压力，使得焊件产生塑性形变，从而产生裂纹，并且能够比较准确地评定裂纹的发展趋势。

横向拘束压力可调实验装置由实验台身主体、焊件安装夹具和压力施加夹具三个单元组成。实验台身主体是实验台的主体，焊件焊接实验在实验台身主体上完成；焊件安装夹具主要功能是将焊件安装固定在实验台身主体上，在实验过程中可以防止焊件发生滑移；压力施加夹具通过螺杆、螺母装置安装在实验台身主体上，能够在实验过程中稳定地给焊件施加压力，使得焊件发生形变。整个实验装置使用方便、结构科学合理、生产工艺简便、制造成本较低，为焊接过程中焊件裂纹的形成与扩展的研究提供了可靠的保障。图 2.5 为横向拘束压力可调实验装置结构示意图。

2.3.1　实验台身主体

实验台身主体是实验装置的主体单元，焊件、焊件安装夹具、压力施加夹具分别安装于其上。实验台身主体分为两级阶梯：第一级阶梯为焊件安装阶梯，分别由 7 条等长的 U 形槽钢横向平行排列而成，并且要求槽钢背面处在同一平面上，平行槽钢两两之间的距离为 70mm，通过点焊固定在两侧肋板上，两侧肋板不但

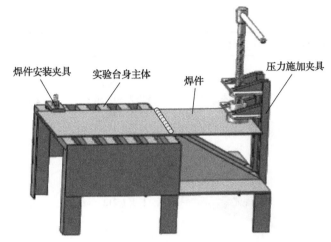

图 2.5　横向拘束压力可调实验装置结构示意图

固定了槽钢之间的相对位置，也能保证实验台身整体的刚度；第二级阶梯为压力施加阶梯，压力施加夹具通过螺杆、螺母装置安装在第二级阶梯上，由于第二级阶梯受力较大，通过平行放置三角加强筋来加强其刚度。表 2.1 给出了焊接横向拘束压力可调实验装置实验台身主体各装置项的零件材料、零件尺寸、单部件质量和部件数量等相关参数。

表 2.1　实验台身主体相关参数

装置项	零件材料	零件三维模型图	零件尺寸/mm	单部件质量 M/kg	部件数量 N
实验台身主体	45		—	—	1
实验台侧面筋板	45		长边 L=555 短边 l=288 厚度 h=5	6.3	2
实验台正面筋板	45		板材长度 l=800 总高度 288 厚度 h=5	9.5	1
实验台中间横杆	45		标准型材 50×37×4.5 长度 l=600	3.3	6

续表

装置项	零件材料	零件三维模型图	零件尺寸/mm	单部件质量 M/kg	部件数量 N
实验台 长支撑脚	45		使用的是标准角钢 规格为 50×50 长度 l=463	2.8	4
实验台 短支撑脚	45		使用的是标准角钢 规格为 50×50 长度 l=212	1.3	2
实验台 第二阶梯板	45		长度 l=445 宽度 d=300 厚度 h=12	33.5	1

2.3.2　压力施加夹具

　　压力施加夹具通过螺杆、螺母安装于实验台身主体单元第二级阶梯末端。它能够对焊件施压，使得焊件发生变形最终产生裂纹，主要原理是通过螺杆、螺母机构将旋转的力矩转换成垂直方向的力。为了避免在实验过程中螺杆尖端与焊件直接接触造成螺杆损坏，螺杆与焊件接触端设计成球头结构，同时在螺杆与焊件之间设置压力施加底座，压力施加底座为球头凹面结构，与螺杆球头结构接触，这种设计在减少工作过程中螺杆损坏的同时允许压力施加螺杆与压力施加底座在工作过程中发生相对角度变化。图 2.6 为压力施加螺杆、压力施加底座接触结构剖面示意图。

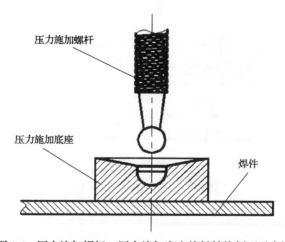

图 2.6　压力施加螺杆、压力施加底座接触结构剖面示意图

　　压力施加螺杆的尾端钻有通孔，工作过程中将螺杆穿过通孔，利用杠杆原理手工旋转压力施加螺杆，给焊件施加压力。同时通过在压力施加夹具上焊接三角加强筋板、选用两根平行放置的 U 形槽钢作为主体支架等方法，保证压力施加夹具在工作过程中的强度。实验台压力施加夹具各个零件的尺寸、材料、质量、数量等相关参数见表 2.2。

表 2.2　压力施加夹具相关参数

装置项	零件材料	零件三维模型图	零件尺寸/mm	零件质量 M/kg	零件数量 N
夹具总装图	45		—	—	1
压力施加脊柱槽钢	45		标准型材 $50\times37\times4.5$ 长度 $l=600$	3.3	2
压力施加底侧横板	45		长度 $l=300$ 宽度 $d=150$ 厚度 $h=12$ 倒角 $R_1=50$ $R_2=10$	4.1	1
压力施加上侧横板	45		长度 $l=300$ 宽度 $d=150$ 厚度 $h=12$ 倒角 $R_1=50$ $R_2=10$ 内孔直径 $d_i=40$	4.0	2
压力施加螺杆	45		总长 $l=600$ 小头直径 $d_1=40$ 大头直径 $d_2=50$ 钻孔直径 $d_3=30$	3.5	1
压力施加杠杆	45		总长度 $l=600$ 直径 $d=28$	2.9	1
三角加强筋	45		$150\times50\times158\times8$	0.236	6
压力施加元件底座	45		$R=50$，$h=40$ 内圆孔半径 $r=12$ 孔总深度 $H=25$	2.2	1

2.3.3　焊件安装夹具

　　焊件安装夹具上、下压板上分别钻有长圆孔，螺杆可以通过长圆孔穿过上下压板，在实验过程中夹具下压板放置在实验台身下侧，夹具上压板放置于实验台身上侧，由夹具螺杆穿过夹具下压板的同时从实验台身中间横杆之间夹缝穿过，然后穿过夹具上压板；通过调节夹具螺杆与螺母调整夹具上、下压板之间的距离，从而将焊件固定在实验台身上。图 2.7 为焊件安装夹具结构与工作示意图。

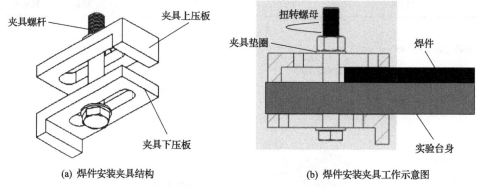

(a) 焊件安装夹具结构　　　　　　　　　　(b) 焊件安装夹具工作示意图

图 2.7　焊件安装夹具结构与工作示意图

2.4　声发射信号采集系统

　　在焊接裂纹声发射信号测试实验过程中，安装在焊接拘束压力可调实验装置上的焊件在压力的作用下，焊接结构发生变形，出现裂纹，产生声发射信号，该信号可以借助声发射信号采集系统进行实时采集与记录，从而实现焊接裂纹实验过程声发射信号的在线采集。焊接裂纹声发射信号采集系统由传感器、前置放大器和主机箱组成。

　　声发射信号采集系统结构示意图如图 2.8 所示，声发射信号跟随电路由声发射传感器、前置放大器及信号线组成，主要作用是将采集到的声发射振动信号转换为声发射电流模拟信号。实验过程中由于高温高磁的外部环境，选择的声发射传感器必须能够在这样的环境下稳定工作并且保障信号不失真。同时，由于从传感器传递出来的声发射电流模拟信号十分微弱，为了避免信号在传递过程中因信号衰减或者外界干扰而导致失真，信号线的长度不应超过 1m，而且必须有屏蔽干扰的能力。前置放大器能够对声发射传感器采集到的声发射电流模拟信号进行一定的前期放大、降噪处理，保障声发射电流模拟信号在较长距离传递过程中不失真[7-9]。声发射主机箱作为本系统的核心部件，四个采集通道口 L1、L2、L3、L4分别连接 4 个声发射信号跟随电路，通过以太网络接口连接外置个人计算机，可以通过控制外置个人计算机发布指令给声发射主机箱以进行通道选择以及声发射采集相关参数的设置。同时，声发射信号跟随电路采集到的声发射电流模拟信号传递给声发射主机箱后会完成滤波、降噪、A/D 转换，最后传递给外置个人计算机进行显示和储存。图 2.9 为声发射信号采集系统组成单元。

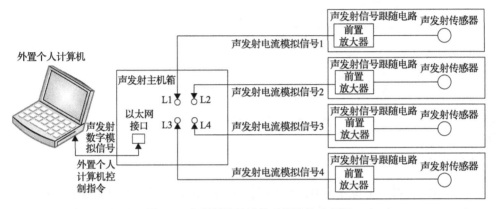

图 2.8　声发射信号采集系统结构示意图

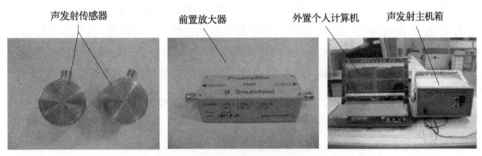

图 2.9　声发射信号采集系统组成单元

在给系统供电后，打开计算机单元中用于数据采集的软件系统。设置设备相关参数包括物理参数、电气参数、功能参数，硬件系统初始化完毕后一直处于等待状态，当接收到来自数据采集软件系统发送的采集开始指令时，开始对声发射信号进行采集。首先，通过声发射传感器将声发射信号转换成声发射电流模拟信号，通过前置放大器将声发射传感器采集到的声发射信号进行放大，再传递给声发射主机箱，通过 A/D 转换器将声发射电流模拟信号转换成声发射数字模拟信号；然后，由处理器对数据进行打包储存，计算机单元通过外设部件互连(peripheral component interconnect, PCI)总线接收来自数据采集单元的数据，对其进行解包处理；最后，由数据采集软件系统读取接收到的信号，并将采集、处理的声发射信号示波和储存。图 2.10 为声发射信号流向示意图。

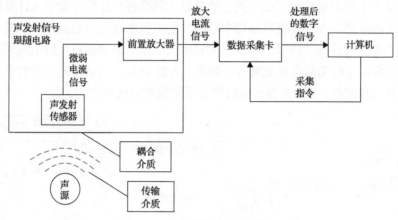

图 2.10　声发射信号流向示意图

2.4.1　声发射传感器选择

在声发射测试实验过程中，声发射传感器是声发射检测的重要部分，也是影响系统整体性能的重要因素[10]。因此，在声发射信号采集过程中传感器的选择十分重要。本节实验选用的声发射传感器为 SR150M，尺寸为 $\Phi19mm \times 15mm$，重量为 22g，工作温度为$-20\sim120℃$，外壳为不锈钢；接收面为陶瓷；接口为 M5-KY，接口位置为侧面，工作频率为 $60\sim400kHz$，中心频率为 150kHz，峰值灵敏度大于$-65dB$，防护等级为 IP66。声发射传感器响应曲线如图 2.11 所示。

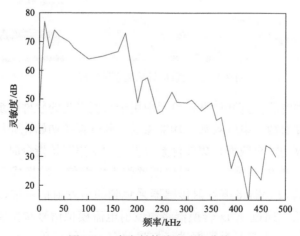

图 2.11　声发射传感器响应曲线

焊接加热过程声发射信号采集的步骤如下：首先，在试件上贴传感器的位置事先用砂纸打磨光滑、平整；然后，在焊接开始前粘贴传感器，粘贴位置一般与焊缝保持距离约为 60mm；最后，在传感器与试件之间加耦合剂，以免空气阻隔而造成信号的损失。采集完成后，对采集的数据在声发射系统中进行波形回放和幅频分析。选取合适的声发射裂纹试件进行下一步的特征提取与分析。具体传感器位置布置示意图如图 2.12 所示。

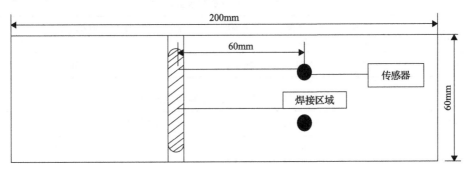

图 2.12　传感器位置布置示意图

传感器的安装步骤如下：

(1)在被检试件表面标出传感器的安装部位；

(2)对传感器的安装部位进行表面打磨，去除油漆、氧化皮或油垢等；

(3)将传感器与信号线及前置放大器连接好，并适当固定信号线(对于内置前放的传感器且自带电缆线的传感器，可省去此步骤)；

(4)在传感器接触面上涂抹适量耦合剂；

(5)按压传感器使之与被检试件表面接触，安装和固定。

SR 系列声发射传感器大都采用磁吸附固定方式，长期固定无须拆除的传感器则一般采用黏接固定方式，如用硅胶、环氧树脂等可固定传感器，又可起着声耦合的作用。

焊后冷却过程声发射信号采集的步骤如下：在灰口铸铁试件上进行焊接，完成后立刻将传感器吸贴在试件的一侧(传感器与试件之间要加耦合剂)，位置一般与焊缝保持距离约为 60mm，并运行焊接声发射监测系统，对信号进行实时显示和采集存储。待采集完成后，可对采集到的数据在声发射系统中进行波形回放和幅频分析，选取合适的信号片段为下一步的特征提取与分析提供信号数据源。

2.4.2　前置放大器参数设置

前置放大器是用于放大声发射信号的，基本参数设置如表 2.3 所示。声发射信号采集系统参数设置如表 2.4 所示。在表 2.4 中，撞击闭锁时间是声发射信号采集的时间，该时间设置为正整数，范围为 1～+∞，单位为 μs。撞击闭锁时间的设置非常重要，合适的参数设置能够对消除反射和噪声起到很好的作用，如果该参数设置过大，则有用信号会作为噪声被清除掉，声发射波形随着试件材料、形状、尺寸和其他因素变化。所以，撞击闭锁时间参数需要根据实际并观察声发射波形来确定具体值。本节撞击闭锁时间设置为 2000μs。

表 2.3　前置放大器基本参数设置

带宽/MHz	增益/dB	噪声/μV	动态范围/dB	不失真输出/V	最大输出/V	最大输入/mV	输入阻抗/MΩ	输出阻抗/Ω
0.01~2	40±1	<8(峰值)	>74	>13	>20	>200	>50	50

表 2.4　声发射信号采集系统参数设置

参数项	采用频率/kHz	采样长度	撞击时间/μs	参数阈值/dB	撞击闭锁时间/μs
参数值	2500	2048	1000	45	2000

2.5　焊接裂纹声发射信号采集方案及实验

2.5.1　声发射信号采集方案

为了验证实验平台能够满足在焊接实验过程中准确预测裂纹的形成趋势，以及在焊接实验过程中对声发射信号稳定、实时采集的要求，同时实现焊接过程中焊接裂纹声发射信号的多通道在线采集，本节以铝合金 MIG 焊、铸铁手工焊为研究对象，使用焊接裂纹声发射信号测试实验平台，分别设计焊接摩擦激励源声发射信号、焊接电弧冲击激励源声发射信号、焊接结构裂纹激励源声发射信号以及焊接加热、冷却过程混合激励源声发射信号采集实验，获得实验模拟信号。

为了实现实验模拟信号的有效采集，首先，对声发射信号采集系统的采样频率、采样长度、参数间隔、撞击闭锁时间、波形门限等相关参数进行设置，降低外界干扰因素对特征信号的影响。然后，拟定信号采集基本思路，具体内容如下：

(1)焊接摩擦激励源声发射信号采集。在焊接实验过程中，焊接摩擦激励源声发射信号主要是由焊件与实验台身、焊件安装夹具、压力施加螺杆发生摩擦产生的。在模拟实验过程中，使用焊件安装夹具与焊件产生摩擦，通过声发射信号采集系统，获得模拟焊接摩擦激励源声发射信号。

(2)焊接电弧冲击激励源声发射信号采集。焊接电弧冲击激励源声发射信号是由焊接过程中电弧冲击作用产生的，包含了焊丝与焊件摩擦、焊接结构裂纹声发射等干扰信号。在模拟焊接电弧冲击激励源声发射信号过程中，为了降低干扰信号对电弧冲击激励源声发射信号的影响，实验使用点焊方式进行焊接，起弧过程中要求尽量减少焊丝与焊件之间的相对滑动时间，并控制点焊时间，在保证信号中焊接电弧冲击激励源声发射信号的同时，减少焊接结构裂纹激励源声发射信号的成分。采集到的声发射信号中除了主要的焊接电弧冲击激励源声发射信号外，还包含少量焊接结构裂纹激励源、焊丝与焊件摩擦激励源声发射信号。

(3) 焊接结构裂纹激励源声发射信号采集。焊接结构裂纹激励源声发射信号是焊接结构裂纹的产生使焊件发生形变，引起焊件内部残余应力释放进而产生的。为模拟焊接结构裂纹激励源声发射信号，选择在焊接工作完成之后立刻对声发射信号进行采集，焊后熔池由于散热不均产生裂纹，采集该过程的声发射信号，能够获得较高信噪比的焊接结构裂纹激励源声发射信号，避免声发射信号采集时焊接摩擦激励源声发射信号、焊接电弧冲击激励源声发射信号的干扰。

(4) 焊接加热过程混合激励源声发射信号采集。为采集焊接加热过程混合激励源声发射信号，通过在焊接加热过程中使用压力可调拘束实验装置对焊件施加压力，使得焊件发生塑性形变，从而产生裂纹，利用声发射信号采集系统实现对该过程中声发射信号的实时采集。采集到的声发射信号包含焊接摩擦激励源声发射信号、焊接电弧冲击激励源声发射信号、焊接裂纹激励源声发射信号。图 2.13 为焊接加热过程中声发射信号采集示意图。

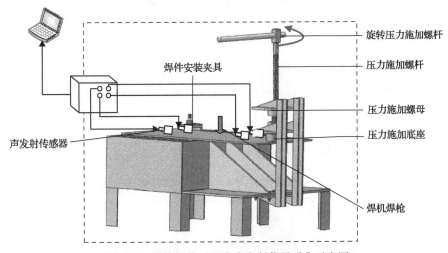

图 2.13　焊接加热过程中声发射信号采集示意图

(5) 焊接冷却过程混合激励源声发射信号采集。为采集焊后冷却过程混合激励源声发射信号，通过在焊接冷却过程中利用压力可调实验装置对焊件施加压力，使得焊件塑性形变，从而产生裂纹，利用声发射信号采集系统实现该过程中声发射信号的实时采集。采集到的声发射信号主要包含焊接摩擦激励源声发射信号、焊接冷裂纹激励源声发射信号。

2.5.2 声发射信号采集实验

下面对尺寸为 200mm×70mm×8mm 的铸铁板进行手工焊实验，分别采集焊接摩擦激励源、焊接电弧冲击激励源、焊接结构裂纹激励源、焊接加热过程混合激励源、焊接冷却过程混合激励源声发射信号。手工焊焊接电流为 100～130A，焊接电压为 380V，焊丝牌号为 J422，焊丝直径为 2.5mm，选择 AEU2S 声发射系统，传感器型号为 SR150M，铸铁手工焊声发射信号采集系统参数设置见表 2.4。图 2.14 给出了铸铁手工焊实验声发射信号，其中，图 2.14(a)为焊接摩擦激励源

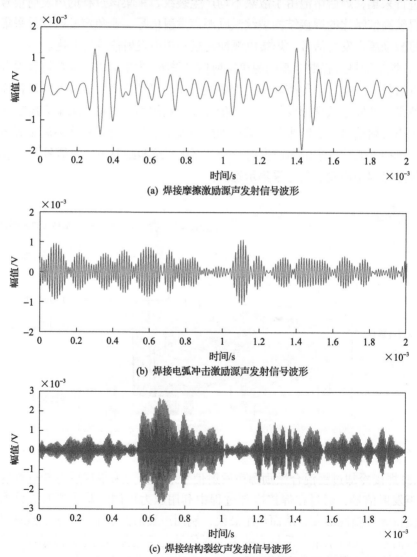

(a) 焊接摩擦激励源声发射信号波形

(b) 焊接电弧冲击激励源声发射信号波形

(c) 焊接结构裂纹声发射信号波形

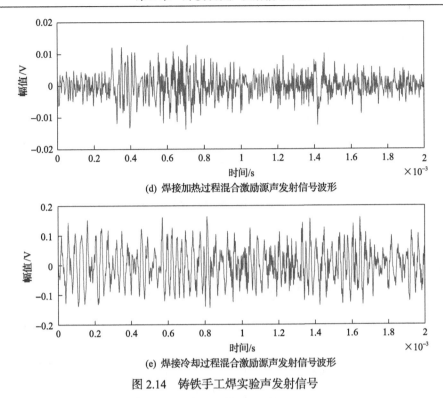

(d) 焊接加热过程混合激励源声发射信号波形

(e) 焊接冷却过程混合激励源声发射信号波形

图 2.14　铸铁手工焊实验声发射信号

声发射信号波形，图 2.14(b) 为焊接电弧冲击激励源声发射信号波形，图 2.14(c) 为焊接结构裂纹声发射信号波形，图 2.14(d) 为焊接加热过程混合激励源声发射信号波形，图 2.14(e) 为焊接冷却过程混合激励源声发射信号波形。

对尺寸为 20mm×20mm×5mm 的铝合金板进行 MIG 焊实验，分别模拟了焊接摩擦激励源声发射信号、焊接冷却过程混合激励源声发射信号。为了消除外界噪声信号的干扰、保证信号质量，对声发射信号采集系统的采样频率、采样长度、参数间隔、撞击闭锁时间、波形门限等相关参数进行设置。MIG 焊基本参数设置见表 2.5，声发射信号采集系统基本参数如表 2.4 所示。图 2.15 给出了铝合金板 MIG 焊焊接实验声发射信号，其中，图 2.15(a) 为铝合金板焊接实验采集到的焊接摩擦激励源声发射信号，图 2.15(b) 为焊接冷却过程混合激励源声发射信号。

表 2.5　铝合金板 MIG 焊基本参数

参数项	焊接电流/A	焊接电压/V	焊接速度/(mm/s)	焊件尺寸/mm
参数值	160	22	3	20×20×5

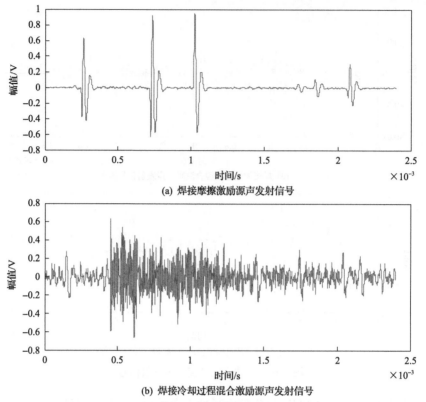

(a) 焊接摩擦激励源声发射信号

(b) 焊接冷却过程混合激励源声发射信号

图 2.15 铝合金 MIG 焊焊接实验声发射信号

2.6 本 章 小 结

本章首先介绍了焊接裂纹声发射信号测试实验平台，该实验平台由焊机、横向拘束压力可调实验装置、声发射信号采集系统组成。然后详细介绍了横向拘束压力可调实验装置的设计及其各个单元的基本功能，实验平台不仅能够准确、定量地评定材料裂纹的发展趋势，而且可以实现声发射时域信号的多通道在线采集。最后分别以焊接铸铁手工焊、铝合金 MIG 焊为研究对象，通过焊接裂纹声发射信号测试实验平台，分别模拟焊接过程中的焊接电弧冲击激励源、焊接摩擦激励源、焊接结构裂纹激励源、焊接加热过程混合激励源、焊接冷却过程混合激励源声发射信号，实验结果表明该平台能够实现对焊接实验中声发射信号的有效采集。

参 考 文 献

[1] 彭兆春. 基于疲劳损伤累积理论的结构寿命预测与时变可靠性分析方法研究[D]. 成都: 电子科技大学, 2017.

[2] 徐源, 邢兰昌. 基于虚拟仪器的多通道声发射检测系统设计与开发[J]. 计算机测量与控制, 2020, 28(1): 85-90.

[3] 李奇, 何宽芳, 刘湘楠. 基于谐波提取的焊接过程声发射信号特性分析[J]. 无损检测, 2017, 39(8): 16-21.

[4] 韩勤. TIG、MIG/MAG 及等离子弧精密自动焊接系统[J]. 焊接技术, 2006, 35(4): 50-54.

[5] 闫久春, 杨春利, 刘会杰, 等. 超声复合焊接研究现状及科学问题[J]. 机械工程学报, 2015, 51(24): 41-49.

[6] 张传臣, 陈芙蓉. 厚板高强铝合金焊接发展现状及展望[J]. 电焊机, 2007, 37(7): 6-11.

[7] Bohse J, Mair G M. Method for evaluating pressure containers of composite materials by acoustic emission testing: US7698943[P]. 2010.

[8] Huang H Y, Hong Y. Acoustic emission signal acquisition and analysis on tool wear[J]. Key Engineering Materials, 2014, 621: 171-178.

[9] Feng T, Wu J D, Yuan X Y, et al. Design and implementation of valve failure signal multi-channel acquisition system based on acoustic emission and pipeline[J]. Advanced Materials Research, 2012, 460: 281-285.

[10] Kral Z, Horn W, Steck J. Crack propagation analysis using acoustic emission sensors for structural health monitoring systems[J]. The Scientific World Journal, 2013, 2013: 1-13.

第3章　焊接裂纹声发射信号谐波特性分析

在焊接生产过程中，采集到的声发射信号不仅包含焊接结构裂纹产生的声发射信号，还包括摩擦、电弧冲击产生的声发射信号。采集的焊接裂纹声发射信号具有多模态、非线性的特点，本章介绍一种基于谐波特性分析的多声发射源信号分离方法，可获得焊接过程结构裂纹声发射源信号，进而掌握信号谐波频率和幅值等相关特性。

3.1　奇异值分解

声发射测试中由于试件与夹具连接摩擦、电弧冲击的干扰，声发射信号呈现出多声发射源共存、特征微弱的特点[1,2]。针对该特点，可结合奇异值分解方法和快速傅里叶变换法，分别对有效谐波层数进行判断，并对信号有效谐波进行提取[3-7]，将提取到的有效谐波重组得到原始信号的有效成分。

3.1.1　奇异值分解理论

奇异值分解(SVD)方法[8]广泛应用于信号检测工作中。SVD 线谱分析方法具有较高的分辨力和较好的动态特性，适用于短数据处理，可有效地判定具有较高信噪比的数据所含有的谐波数。SVD 是数据特征提取的有效方法，其分解的奇异值反映了数据的内在属性，具有良好的稳定性和不变性。通过对信号重构矩阵进行分解，可将包含信号信息的矩阵分解到一系列奇异值和奇异值矢量对应的时频子空间[9-12]。在 20 世纪 90 年代，SVD 方法已被广泛运用于机械故障诊断中[13-22]，根据矩阵范数理论，奇异值与向量 2-范数和矩阵 Frobenious 范数相联系，如式(3.1)和式(3.2)所示：

$$\delta_1 = \|A\|_2 = \max\left(\|Ax\|_2 / \|x\|_2\right) \tag{3.1}$$

$$\|A\|_F = \left[\sum_{m \times n} |a_{m \times n}|^2\right]^{1/2} = \left[\sum_{i=1}^{k} \delta_i^2\right]^{1/2} \tag{3.2}$$

从这个意义上来说，奇异值反映了矩阵的能量分布[23]。奇异值越大，表示其对应成分在矩阵中的能量比重越大；奇异值越小，表示其对应成分在矩阵中的能量比重越小。用这样的判断方法对信号构成的矩阵进行分析，能够有效判断出信号中所含谐波的能量变换情况。

对信号重构矩阵进行奇异值分解，得到的奇异值从大到小依次递减，对于无噪声的信号，奇异值分解有效谐波的层数是奇异值个数的 1/2，而且噪声信号对信号每一个奇异值的贡献近乎一样；有效信号则不同，它的贡献往往集中在有效层数个奇异值上。利用这一特点，通过信号重构得到矩阵，对重构得到的矩阵进行奇异值分解，并对得到的奇异值进行分析，就能够判断出原始信号中有效谐波的层数，为后面有效谐波的提取提供理论依据。

3.1.2　奇异值分解算法实现

采集到的声发射信号由离散数据信号组成，从原始信号中选择能最好地表现监测对象特性的数据片段进行分析，用数组 $x = \{x_1, x_2, \cdots, x_l\}$ 表示。对数组 x 拟合高阶自回归模型，将数组 x 进行如下操作：

(1) 将 $[x_1, x_2, \cdots, x_m]$ 作为矩阵的第一个横向量；

(2) 将 $[x_2, x_3, \cdots, x_{m+1}]$ 作为矩阵的第二个横向量；

(3) 以此类推，得到最后一个横向量为 $[x_n, x_{n+1}, \cdots, x_l]$。

构成矩阵 $A = \begin{bmatrix} x_1 & x_2 & \cdots & x_m \\ x_2 & x_3 & \cdots & x_{m+1} \\ \vdots & \vdots & & \vdots \\ x_n & x_{n+1} & \cdots & x_l \end{bmatrix}$，$A$ 就是重构的相空间，也称为重构的吸

引子轨迹矩阵，它为 $m \times n$ 的矩阵，其中 $m + n - 1 = l$。对 A 进行奇异值分解：

$$A = USV^{\mathrm{T}} \tag{3.3}$$

式中，左奇异值矩阵 U 为 $m \times m$ 方阵，$U \in \mathbb{R}^{m \times m}$，$U \cdot U^{\mathrm{T}} = I$；右奇异值矩阵 V 为 $n \times n$ 方阵，$V \in \mathbb{R}^{n \times n}$，$V \cdot V^{\mathrm{T}} = I$；奇异值矩阵 $S = [s_1, s_2, \cdots, s_r]$，$s_1 > s_2 > \cdots > s_r$ 且 $r = \min(m, n)$，对一个 $m \times n$ 的秩为 k 的矩阵进行奇异值分解得到的奇异值矩阵的秩也为 $k (k \leqslant r)$。

因此，可以把一个秩为 k 的 $m \times n$ 矩阵转换为 k 个 $m \times n$ 的子矩阵之和：

$$A = USV^{\mathrm{T}} = \sum_{i=1}^{k} u_i \delta_i v_i^{\mathrm{T}} = \sum_{i=1}^{k} \delta_i A_i \tag{3.4}$$

式中，u_i、v_i 分别为方阵 U、V 第 i 列的向量；δ_i 为 A_i 的奇异值；A_i 为奇异值矩阵中第 i 个奇异值 δ_i 对应的子矩阵。

对于不含噪声的信号 $\mathrm{diag}(S) = [s_1, s_2, \cdots, s_k, 0, \cdots, 0]$，奇异值 $s_i(i=1,2,\cdots,k)$ 随着 k 的增大衰减加快，其中 $k = \mathrm{rank}[S] = 2n$，$n$ 为谐波层数。但是实际采集到的声发射信号往往包含各种干扰成分，通过研究发现，n 层谐波的主要贡献在前 $2n$ 个奇异值上，而随机干扰信号对各个奇异值的贡献几乎是一样的[11]。因此，只要在奇异值描绘出来的波形图中找出奇异值由迅速衰减到趋于平缓的转折点，其所对应的序数就是有效秩 $2n$，其中 n 为谐波数。

为了能够更加准确地判断出信号谐波的层数，求解奇异值不等式：

$$\frac{s_{p+1}^2 + s_{p+2}^2 + \cdots + s_m^2}{s_1^2 + s_2^2 + \cdots + s_m^2} < \xi_1 \tag{3.5}$$

式中，s_i 为信号矩阵奇异值分解后获得的第 i 个奇异值，$i = 1,2,\cdots,m$。

在此使用 $\xi_1 = 0.05$，通过计算以上不等式，求出能够满足不等式的最小 p，从而确定有效秩，即信号矩阵的有效维数范围；同时结合观察奇异值描绘出的波形图，找出奇异值从快速衰减到衰减趋于平缓的转折点，结合二者判断出信号中有效谐波的层数。

3.2　有效谐波提取

傅里叶变换是现代信号分析的一种重要手段，能够将时域信号转换到频域，并且反映信号幅值和相位与频率的关系，即幅频谱、相频谱、能量密度谱等。傅里叶变换由法国学者约瑟夫·傅里叶于 1807 年提出，已被广泛地应用于物理学、电子学、数论、组合数学、信号处理、概率论、统计学、密码学、声学、光学、海洋学、结构动力学等领域[24,25]。当傅里叶变换应用于计算机运算时，由于其计算量大，不适合应用于计算机信号分析中。1965 年，Cooley 等[26]提出了 FFT，使得实际计算量大大减少，在以后的几十年中，FFT 算法有了进一步的发展，通过 FFT 算法可以描绘出信号的振幅谱、相位谱和能量谱，并描绘出信号幅值谱，以更好地适应于计算机离散数据分析。

信号可以通过谐波叠加的形式来表示，通过对原始信号进行 SVD 可以判断出信号有效谐波的层数，通过 FFT 将信号由时域投影到频域，可以描绘出其幅值谱，对信号幅值谱进行分析就能够掌握信号能量随频率的变化情况；按照信号谐波幅值从大到小进行提取，使用 FFT 的逆变换将频域信号转换到时域，就能够得到有效谐波。采集到的原始信号是离散数据，离散时间内的连续傅里叶变换为

$$X(e^{j\omega}) = \sum_{m=0}^{\infty} x(m)e^{-j\omega m} \tag{3.6}$$

由于选择分析时原始数据中有数个数据信号片段，通过改良数据信号片段可将离散傅里叶变换定义为

$$X(k) = \sum_{m=0}^{M-1} x(m)W_M^{mk} \tag{3.7}$$

采用 FFT 将信号从时域转换到频域，在式(3.6)和式(3.7)中，信号频率 $f_z = mf/M$，M 为信号序列长度，f 为信号采样频率，信号序列为 $m=1,2,\cdots,M-1$。为了进一步描绘出信号幅值与频率之间的相互关系，以信号的幅值为纵坐标、频率为横坐标绘制出信号的幅值谱，在信号的幅值谱中按照幅值从大到小将频域信号点提取出来进行 FFT 的逆变换。离散傅里叶逆变换为

$$x(m) = \frac{1}{N} \sum_{m=0}^{M-1} X(k)W_M^{-mk} \tag{3.8}$$

式中，采样点对应的时间为 $t = m/f$；$W_M = e^{-j2\pi/M}$ 通过奇异值分析法判断出的信号中的谐波数 n，并使用 FFT 的逆变换将 n 重谐波提取出来。高频部分出现"伪频率"的概率低，保证了谐波提取过程中谱线增高变窄至最佳状态。

FFT 有着至关重要的作用，通过 FFT 及其逆变换能够提取到有效谐波，对有效谐波进行重组能够得到原始信号的有效信号，对有效谐波提取过程进行分析能够得到有效谐波的频率、幅值及其相位等相关参数，为混合激励源信号分离奠定了基础。

3.3　谐波分析的有效信号提取

3.3.1　谐波分析的有效信号提取方法

由于数字信号可通过谐波叠加的形式表示，文献[27]提出了一种混合谱动态测试信号综合分析法，结合 SVD 谐波分析法、FFT 谐波分离法对原始信号中的有效谐波成分进行提取。本节通过该方法先对原始信号的有效谐波成分进行提取，然后将有效谐波成分重组获得有效信号，具体流程如图 3.1 所示。

下面对焊接过程声发射信号进行分析。首先，对焊接过程单一激励源声发射信号使用基于谐波分析的有效信号提取方法进行有效提取，掌握焊接过程中单一激励源声发射信号有效谐波所在的频段，以及不同频率谐波的振幅、相位

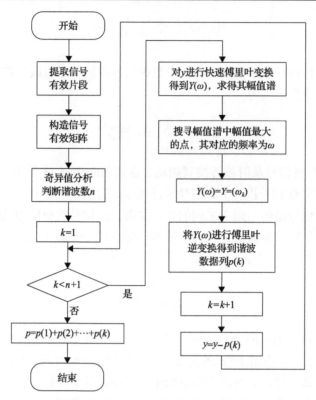

图 3.1　谐波分析特征提取方法流程图

等参数；然后，结合不同激励源声发射信号谐波参数，对焊接过程中混合激励源声发射信号进行分离，提取得到焊接裂纹激励源声发射信号。

3.3.2 · 谐波分析在仿真信号提取中的应用

焊接过程中采集到的声发射信号具有多激励源共存的特点，不同激励源产生的声发射信号有效谐波具有不同的特性。通过函数构造混合谐波信号波形，混合谐波信号 p 为多谐波叠加构造的信号，由 p_1、p_2、p_3、p_4、p_5 共同叠加构成，即 $p = p_1 + p_2 + p_3 + p_4 + p_5$，为了模拟焊接过程中不同激励源声发射信号，$p_1$、$p_2$、$p_3$、$p_4$、$p_5$ 拥有各自的频率、幅值、相位等谐波特性。通过基于谐波分析的多激励源声发射信号分离法，将有效谐波逐个提取出来，与原始谐波特征参数进行对比，可以验证该方法应用于焊接过程多激励源声发射信号有效分离的可行性。表 3.1 为各谐波的构造方程。通过将谐波 p_1、p_2、p_3、p_4、p_5 叠加得到混合谐波信号 p，分别选择连续提取的各个函数中的 5000 个点，信号采样频率为 100kHz，描绘出来的信号波形图如图 3.2 所示。

表 3.1　各谐波的构造方程

信号	构造方程
谐波 p_1	$p_1=2\sin(2\pi\times500\times0.52t)$
谐波 p_2	$p_2=3\sin(2\pi\times160\times0.78t)$
谐波 p_3	$p_3=2\sin(2\pi\times80\times0.16t)$
谐波 p_4	$p_4=4\sin(2\pi\times120\times0.85t)$
谐波 p_5	$p_5=5\sin(2\pi\times240\times0.73t)$
混合谐波信号 p	$p=p_1+p_2+p_3+p_4+p_5$

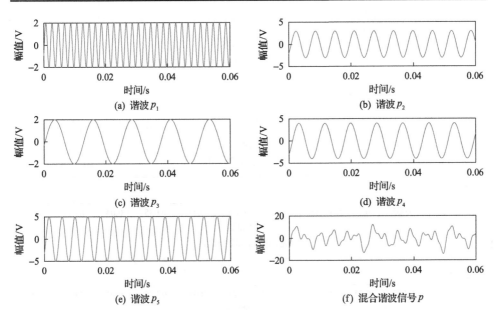

图 3.2　函数构造波形图

为了将混合谐波信号 p 中的 p_1、p_2、p_3、p_4、p_5 有效谐波提取出来，将选择出来的 5000 个数据拟合为 AR 矩阵，重构得到100×4901的矩阵，对重构矩阵进行奇异值分解，得到信号奇异值。图 3.3 为混合谐波信号奇异值波形图。对信号奇异值进行分析，判断出信号重构矩阵有效维数为 10 维，从而判断出混合谐波信号 p 有效谐波的层数为 5 层，结合 FFT 及其逆变换按照谐波幅值从大到小将 5 重谐波提取出来，依次得到的信号波形图如图 3.4 所示。在提取混合谐波信号有效谐波的过程中，也能够掌握信号有效谐波的频率、幅值及相位，根据这些参数可以还原原始信号函数。表 3.2 为混合谐波信号有效谐波函数相关参数。

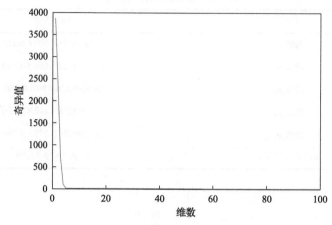

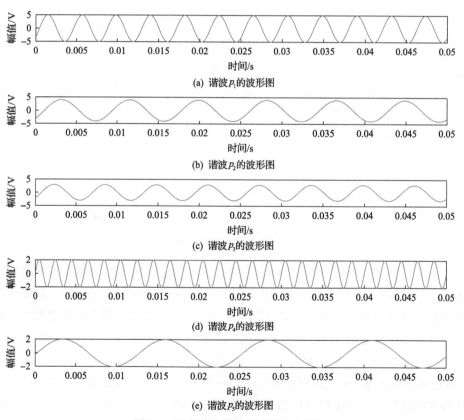

图 3.3　混合谐波信号奇异值波形图

(a) 谐波 p_1 的波形图

(b) 谐波 p_2 的波形图

(c) 谐波 p_3 的波形图

(d) 谐波 p_4 的波形图

(e) 谐波 p_5 的波形图

图 3.4　混合谐波信号有效谐波波形图

表 3.2　混合谐波信号有效谐波函数相关参数

有效谐波序数	谐波频率/Hz	谐波幅值/V	谐波相位/rad
1	240	5	0.7463
2	120	4	0.8739
3	160	3	0.8014
4	500	1.9998	0.5201
5	80	2	0.1861

3.4　焊接过程声发射信号幅频特性分析

3.4.1　焊件与夹具摩擦声发射信号幅频特性分析

　　焊接摩擦激励源声发射信号是焊接过程中混合激励源声发射信号的组成成分之一，它的产生是由于压力可调实验装置对焊件施加压力的同时焊件安装夹具和压力施加螺杆与焊件发生摩擦作用，这种相互作用能够作为激励源产生声发射信号。

　　为了模拟焊接摩擦激励源声发射信号，参考 2.3.2 节中的焊接摩擦激励源声发射信号采集实验的基本思路，使用焊件安装夹具压板对焊件进行缓慢摩擦，通过声发射信号采集系统进行信号采集。为了保证采集到的焊接摩擦激励源声发射信号具有较高的信噪比，首先，应当尽量避免外界与焊件接触产生声发射信号，造成信号污染；其次，对声发射信号采集系统的采样频率、采样长度、参数间隔、撞击闭锁时间、波形门限等相关参数进行设置，减少外界噪声信号的干扰，保证信号质量。图 3.5 为焊件和传感器布置图。表 3.3 为声发射信号采集系统采集焊接摩擦激励源声发射信号的相关参数。

　　由于实验过程中采集到的声发射信号具有随机性、瞬时性，以及受到外界各种干扰因素的影响，为了保证焊接摩擦激励源声发射信号特性分析的准确性，需

图 3.5　焊件和传感器布置图

表 3.3　声发射信号采集系统采集焊接摩擦激励源声发射信号的相关参数

参数项	采样频率/kHz	采样长度	参数间隔/μs	撞击闭锁时间/μs	波形门限/dB
参数值	1000	2000	2000	1000	45

要从原始信号中筛选出能够准确表征信号特性的片段。信号的主要干扰因素是焊件安装夹具与焊件摩擦过程中，因焊件局部受力形成裂纹而产生的声发射信号。考虑到产生的声发射信号较微弱，而且不具有周期性，可以选择幅值较大且周期性较为明显的片段用于焊接摩擦激励源声发射信号的特性分析。焊接摩擦激励源声发射信号如图 3.6 所示。图 3.6(a) 为焊接摩擦激励源原始信号波形图，图 3.6(b) 为从原始信号中截取出的 6ms 片段波形图。

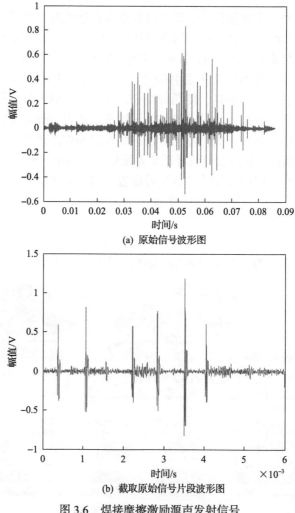

(a) 原始信号波形图

(b) 截取原始信号片段波形图

图 3.6　焊接摩擦激励源声发射信号

　　通过对焊接摩擦激励源声发射信号进行采集及筛选，获得了用于单一摩擦激励源声发射信号特性分析的片段。图 3.7(a) 为选取出来的用于焊接摩擦激励源声发射信号特性分析的片段，图 3.7(b) 为焊接摩擦激励源声发射信号幅值谱波形图。

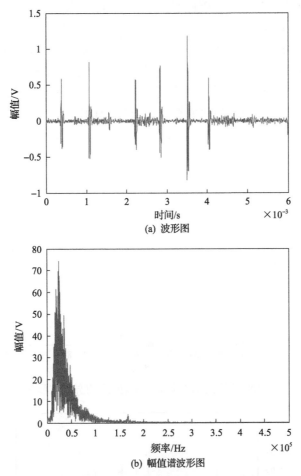

(a) 波形图

(b) 幅值谱波形图

图 3.7　焊接摩擦激励源声发射信号波形图和幅值谱波形图

　　由于信号波形可以通过有效谐波叠加的形式表示，所以首先对焊接摩擦激励源声发射信号数据拟合高阶 AR 模型得到信号重构矩阵，对重构矩阵使用 SVD 法获得重构信号矩阵奇异值，通过归一化的奇异值判断矩阵的有效维数，从而获得单一摩擦激励源声发射信号中有效谐波的层数；然后对焊接摩擦激励源声发射信号使用 FFT，根据幅值从大到小对信号谐波进行提取和重组，获得焊接摩擦激励源有效声发射信号。通过对焊接摩擦激励源有效声发射信号进行分析，掌握原始信号中焊接摩擦激励源声发射信号的幅频特性，可以为焊接过程中混合激励源声发射信号中焊接摩擦激励源声发射信号的分离提供依据。

通过对焊接摩擦激励源声发射信号拟合 AR 矩阵模型，获得 1000×5001 的信号重构矩阵，对信号重构矩阵进行奇异值分解，得到信号矩阵奇异值，单一摩擦激励源声发射信号奇异值波形图如图 3.8 所示。分析获得重构矩阵的奇异值，判断重构矩阵有效维数为 462，因此焊接摩擦激励源声发射信号有效谐波的层数为 231 层。通过对声发射信号进行快速傅里叶变换，根据谐波幅值由大到小对原始信号进行有效谐波提取，并重复 231 次，将信号中的有效谐波提取出来进行重组，得到单一摩擦激励源有效声发射信号。对提取获得的单一摩擦激励源有效声发射信号进行幅频特性分析，发现其谐波频率分布较低，主要分布在 10~63kHz。有效声发射信号的波形图及幅值谱波形图如图 3.9 所示。

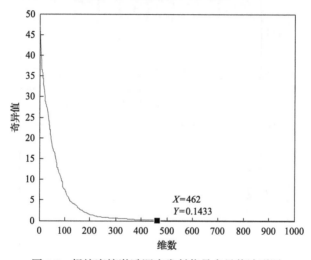

图 3.8 焊接摩擦激励源声发射信号奇异值波形图

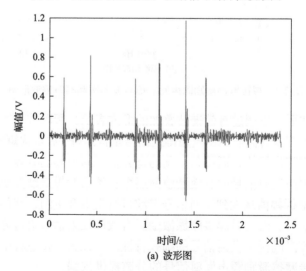

(a) 波形图

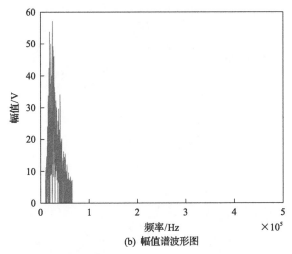

(b) 幅值谱波形图

图 3.9　焊接摩擦激励源有效声发射信号波形图和幅值谱波形图

3.4.2　焊接电弧冲击激励源声发射信号幅频特性分析

　　焊接电弧冲击激励源声发射信号，是由焊接过程中焊接电弧对焊件冲击作用产生的，是焊接过程多激励源信号的组成成分之一。为了研究焊接结构裂纹声发射信号，需要掌握焊接电弧冲击激励源声发射信号的特性。

　　实验过程中通过手工焊的方式对铸铁进行点焊，控制焊接时间，在点弧之后迅速停止焊接，通过声发射信号采集系统对信号进行实时采集，这样不仅能够采集到焊接电弧冲击激励源声发射信号，也避免了焊接熔池在冷却过程中产生的裂纹对研究信号的干扰。在模拟焊接电弧冲击激励源声发射信号采集过程中，需要设定采集门限等相关参数来减少外界干扰对声发射信号采集的影响。图 3.10 为手工焊接过程焊接电弧冲击激励源声发射信号采集现场。表 3.4 为声发射信号采集系统采集电弧冲击激励源声发射信号的相关参数。

　　为了选择出适用于焊接电弧冲击激励源声发射信号特征分析的信号片段，主要考虑的影响因素为实验采集到的焊接电弧冲击激励源声发射信号中包含的焊接熔池冷却凝固裂纹激励源声发射信号，以及焊丝点弧过程中焊条对焊件的物理冲击作为激励源产生的声发射信号。考虑到裂纹的产生以及焊条与焊件的碰撞冲击由手工焊控制，不具有明显的周期性，因此可以选择周期性相对明显的信号片段用于焊接电弧冲击激励源声发射信号特征分析。焊接电弧冲击激励源声发射信号如图 3.11 所示。图 3.11(a) 为采集到的焊接电弧冲击激励源原始信号波形图。图 3.11(b) 为从原始信号中截取出的 6ms 信号片段波形图。

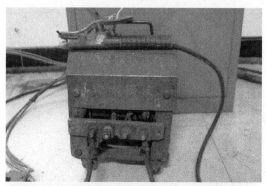

图 3.10　手工焊接过程焊接电弧冲击激励源声发射信号采集现场

表 3.4　声发射信号采集系统采集焊接电弧冲击激励源声发射信号的相关参数

参数项	采样频率/kHz	采样长度	参数间隔/μs	撞击闭锁时间/μs	波形门限/dB
参数值	1000	2000	2000	1000	45

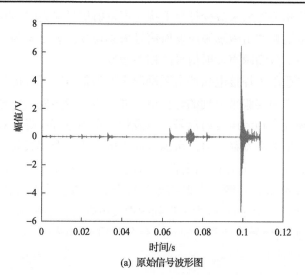

(a) 原始信号波形图

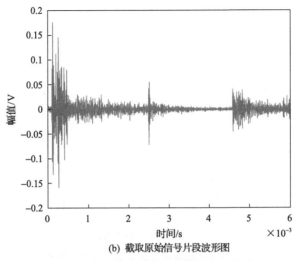

(b) 截取原始信号片段波形图

图 3.11　焊接电弧冲击激励源声发射信号

　　首先设计焊接电弧冲击模拟信号采集实验，然后筛选出用于焊接电弧冲击激励源声发射信号特征分析的信号片段。图 3.12 (a) 为选取的用于特征分析的焊接电弧冲击激励源有效信号波形图，图 3.12 (b) 为有效信号幅值谐波形图。

　　下面对筛选得到的信号片段进行有效信号提取。首先，将截取信号数据拟合高阶 AR(m) 模型得到信号重构矩阵，对信号重构矩阵进行奇异值分解，将信号投影到不同维度，非零奇异值的个数就是信号能量投影的维数，通过归一化的奇异值判断重构矩阵的有效维数，随后对奇异值与重构矩阵有效维数进行分析判断，得到单一摩擦激励源声发射信号中有效信号的层数。然后，对原始信号使用 FFT 方法，将时域信号转换到频域，结合 FFT 的逆变换将谐波信号根据幅值从大到小

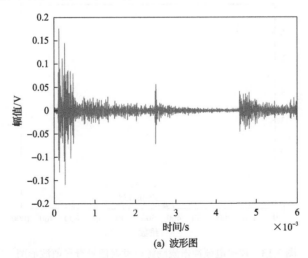

(a) 波形图

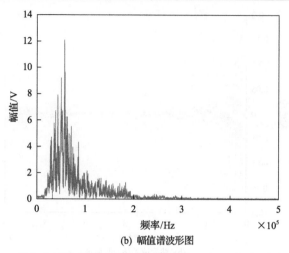

(b) 幅值谱波形图

图 3.12　焊接电弧冲击激励源声发射有效信号波形图和幅值谱波形图

进行提取，将有效信号提取出来。最后，将逐一提取的有效信号进行重组，获得原始信号的有效成分。

　　对焊接电弧冲击激励源声发射信号重构矩阵进行奇异值分解，得到重构矩阵奇异值。图 3.13 为焊接电弧冲击激励源声发射信号奇异值波形图，得到重构矩阵有效维数为 434，因此信号有效谐波的层数为 217 层。将信号中有效谐波提取出来，进行重组得到焊接电弧冲击激励源有效信号。对提取获得的焊接电弧冲击激励源声发射信号进行幅频特性分析，可知焊接电弧冲击激励源声发射信号谐波频率分布较低，主要分布在 22.5～103.5kHz。重组有效信号波形图及其幅值谱波形图如图 3.14 所示。

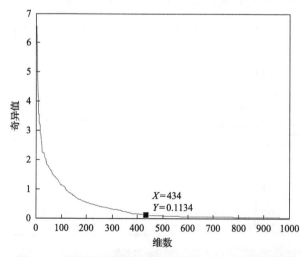

图 3.13　焊接电弧冲击激励源声发射信号奇异值波形图

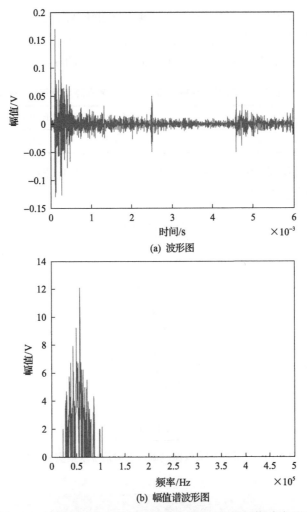

(a) 波形图

(b) 幅值谱波形图

图 3.14　焊接电弧冲击激励源有效信号波形图和幅值谱波形图

3.4.3　焊接结构裂纹激励源声发射信号幅频特性分析

焊接结构裂纹是本书研究的主要对象，本节设计实验方案来模拟焊接结构裂纹激励源声发射信号。对材料进行焊接，在焊件表面形成焊接熔池，焊接停止后随即用声发射信号采集系统对焊接结构裂纹激励源声发射信号进行采集，焊接熔池在自然环境下冷却，焊接材料内外由于冷却不均匀产生裂纹。选择在焊接过程完成之后对焊接结构裂纹激励源声发射信号进行采集，不仅保证了采集到的声发射信号中包含焊接结构裂纹激励源声发射信号，也避免了焊接过程中焊接电弧冲击、焊接摩擦以及焊接环境等各种影响因素对采集到的焊接结构裂纹激励源声发射信号的影响，确保了焊接结构裂纹激励源声发射信号频域特性研究的进行。设定采集门限等相关参数以避免外界对采集到的声发射信号的干扰，表 3.5 为声发射信号采集系统采集焊接结构裂纹激励源声发射信号的相关参数。

表 3.5　声发射信号采集系统采集焊接结构裂纹激励源声发射信号的相关参数

参数项	采样频率/kHz	采样长度	参数间隔/μs	撞击闭锁时间/μs	波形门限/dB
参数值	1000	2000	2000	1000	45

图 3.15 为焊接结构裂纹激励源声发射信号采集实验流程图。图 3.16 为铸铁手工焊得到的焊件焊接裂纹实物图。

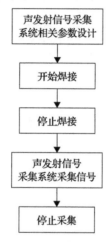

图 3.15　焊接结构裂纹激励源声发射信号采集实验流程图

图 3.16　焊件焊接裂纹实物图

由于焊接焊渣裂纹、焊接结构裂纹产生声发射信号的机理相同，采集到的焊接结构裂纹激励源声发射信号中往往同时包含焊渣裂纹激励源声发射信号、焊接结构裂纹激励源声发射信号。焊渣裂纹激励源声发射信号分布在相对低的频带，而焊接结构裂纹激励源声发射信号分布在相对高的频带，所以筛选出高频部分幅值较大的信号片段，用于焊接结构裂纹激励源声发射信号特征分析。图 3.17(a) 为采集到的焊接结构裂纹激励源原始信号波形图，图 3.17(b) 为从原始信号中截取的 1ms 信号片段波形图。

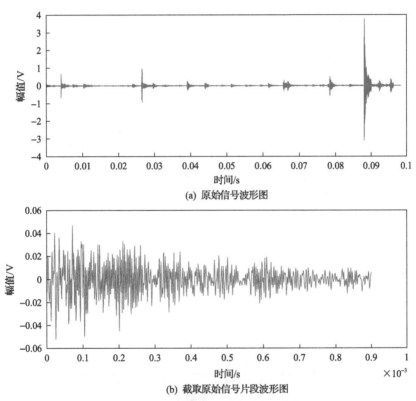

(a) 原始信号波形图

(b) 截取原始信号片段波形图

图 3.17　焊接结构裂纹激励源声发射信号

　　通过对焊接结构裂纹激励源声发射信号进行采集，并对采集到的信号进行筛选，截取获得了用于焊接结构裂纹激励源声发射信号特征分析的信号片段。图 3.18(a) 为焊接结构裂纹激励源声发射信号特征分析片段波形图，图 3.18(b) 为其信号幅值谱波形图。

　　为了进一步对焊接结构裂纹激励源声发射信号中有效信号进行提取，首先通过原始信号对数据拟合高阶 $\mathrm{AR}(m)$ 模型，得到 400×501 的信号重构矩阵，并对信号重构矩阵进行奇异值分解将信号投影到不同维度，通过归一化的奇异值判断重构矩阵的有效维数对奇异值与有效维数进行分析判断，从而判定焊接裂纹激励源声发射信号中有效信号的层数。图 3.19 为焊接结构裂纹激励源声发射信号重构矩阵奇异值波形图。

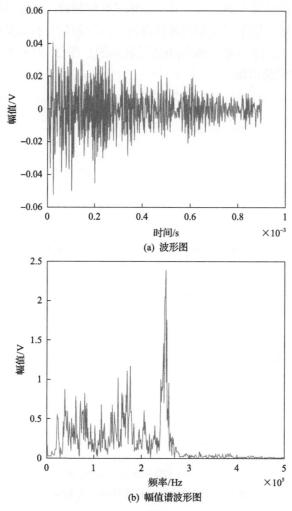

(a) 波形图

(b) 幅值谱波形图

图 3.18　焊接结构裂纹激励源声发射信号波形图和幅值谱波形图

　　然后通过对原始信号使用 FFT 方法,将时域信号转换到频域,结合 FFT 的逆变换将谐波根据幅值从大到小进行提取,将有效信号提取出来。最后将逐一提取的有效信号进行重组,获得焊接结构裂纹激励源声发射信号的有效信号。

　　焊接焊渣裂纹激励源声发射信号是伴随焊接结构裂纹激励源声发射信号产生的,因而对原始信号进行特征提取获得的有效信号依然包含焊接焊渣裂纹激励源声发射信号成分,焊接结构裂纹激励源声发射信号频率主要是 100~400kHz,结合这一特性选择原始有效信号中频率为 100~400kHz[28]的谐波成分进行重组。图 3.20 为

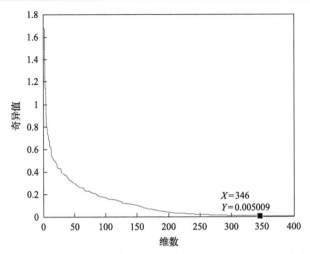

图 3.19　焊接结构裂纹激励源声发射信号重构矩阵奇异值波形图

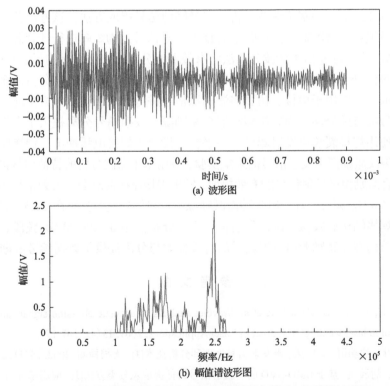

(a) 波形图

(b) 幅值谱波形图

图 3.20　焊接结构裂纹激励源声发射有效信号波形图和幅值谱波形图

焊接结构裂纹激励源声发射有效信号及其幅值谱。

　　通过对模拟焊接结构裂纹激励源声发射信号特征分析片段的信号重构矩阵进行奇异值分解，得到信号重构矩阵奇异值，分析焊接裂纹激励源声发射信号奇异值，得到信号重构矩阵有效维数为 346，从而判定有效信号的层数为 173 层。使用 FFT 根据谐波幅值由大到小对原始信号进行有效信号提取，将有效信号重组，得到焊接结构裂纹激励源声发射信号中的有效信号，并且掌握其原始信号谐波主要分布频率为 10～265.5kHz。焊接结构裂纹激励源声发射信号频率主要分布在 100～400kHz，采集的焊接裂纹激励源声发射信号不全分布在这一频段，主要是因为原始信号中焊接结构裂纹的产生往往伴随焊渣裂纹的产生，焊渣裂纹频带分布较低，将焊接裂纹激励源有效信号频率分布在 100～400kHz 的有效信号提取出来进行重组，得到的焊接结构裂纹激励源声发射有效信号及其信号幅值谐波形图，通过分析焊接结构裂纹激励源声发射有效信号频谱数据，初步判断它的谐波主要分布在 100～265.5kHz 频段。

3.5　本 章 小 结

本章介绍了一种基于谐波分析的多激励源信号提取方法，该方法首先通过将信号片段拟合为 AR 矩阵，并采用 SVD 方法对信号重构矩阵进行计算确定有效信号的层数，然后通过 FFT 谐波分离法将有效谐波分离出来进行重构得到有效信号，同时获得信号谐波幅值、相位及其频率等相关特性。将基于谐波分析的多激励源信号提取方法应用于模拟、仿真多激励源信号进行分离，证明该方法能实现多激励源信号的有效分离，为焊接裂纹混合激励源声发射信号分离提供了有效方法。同时，使用焊接裂纹声发射测试实验平台，设计了焊接电弧冲击、焊接摩擦、焊接结构裂纹激励源声发射信号的采集实验，应用基于谐波分析的特征信号提取方法实现混合激励源声发射信号的有效提取，发现焊接摩擦激励源声发射信号主要分布在 10～63kHz 频段，焊接电弧冲击激励源声发射信号主要分布在 22.5～103.5kHz 频段，焊接结构裂纹激励源声发射信号主要分布在 100～265.5kHz 频段，这为实现焊接结构裂纹激励源声发射信号的有效提取与分离提供了数据参考依据。

参 考 文 献

[1] Zeng H, Zhou Z D, Chen Y P, et al. Wavelet analysis of acoustic emission signals and quality control in laser welding[J]. Journal of Laser Applications, 2001, 13(4): 167-173.

[2] 耿荣生, 沈功田, 刘时风. 声发射信号处理和分析技术[J]. 无损检测, 2002, 24(1): 23-28.

[3] 徐锋, 刘云飞. 基于 EMD-SVD 的声发射信号特征提取及分类方法[J]. 应用基础与工程科学学报, 2014, 22(6): 1238-1247.

[4] 杨超, 赵荣珍, 孙泽金. 基于 SVD-MEEMD 与 Teager 能量谱的滚动轴承微弱故障特征提取[J]. 噪声与振动控制, 2020, 40(4): 92-97.

[5] 冯广斌, 朱云博, 孙华刚, 等. 一种有效奇异值选择方法在微弱信号特征提取中的应用[J]. 机械科学与技术, 2012, 31(9): 1449-1453.

[6] 孟庆丰. 信号特征提取方法与应用研究[D]. 西安: 西安电子科技大学, 2006.

[7] 刘卫东, 陶锐. 声发射信号分类研究[J]. 电声技术, 2008, 32(11): 35-38.

[8] Li R X, Wang D F, Han P, et al. On the applications of SVD in fault diagnosis[C]. IEEE International Conference on Systems, Man and Cybernetics, Washington, 2003: 3763-3768.

[9] 吕志民, 张武军. 基于奇异谱的降噪方法及其在故障诊断技术中的应用[J]. 机械工程学报, 1999, 35(3): 85.

[10] 刘献栋, 杨绍普, 申永军, 等. 基于奇异值分解的突变信息检测新方法及其应用[J]. 机械工程学报, 2002, 38(6): 102-105.

[11] 何田, 刘献栋, 李其汉. 噪声背景下检测突变信息的奇异值分解技术[J]. 振动工程学报, 2006, 19(3): 399-403.

[12] 张克南, 陆扬, 谢里阳, 等. 基于 SVD 方法的弱故障特征提取方法[J]. 机床与液压, 2006, 34(10): 214-216, 246.

[13] Feng X L, Wang G F, Qin X D, et al. The comparison of acoustic emission with vibration for fault diagnosis of the bearing[J]. Applied Mechanics and Materials, 2011, 141: 539-543.

[14] 曾作钦. 基于奇异值分解的信号处理方法及其在机械故障诊断中的应用[D]. 广州: 华南理工大学, 2011.

[15] 席亚军. 基于经验小波变换和奇异值分解的旋转机械故障诊断[D]. 成都: 西南交通大学, 2017.

[16] Cong F Y, Chen J, Dong G M, et al. Short-time matrix series based singular value decomposition for rolling bearing fault diagnosis[J]. Mechanical Systems and Signal Processing, 2013, 34(1-2): 218-230.

[17] Cong F Y, Zhong W, Tong S G, et al. Research of singular value decomposition based on slip matrix for rolling bearing fault diagnosis[J]. Journal of Sound and Vibration, 2015, 344: 447-463.

[18] 赵学智, 叶邦彦, 陈统坚. 多分辨奇异值分解理论及其在信号处理和故障诊断中的应用[J]. 机械工程学报, 2010, 46(20): 64-75.

[19] 朱军, 闵祥敏, 孔凡让, 等. 基于分量筛选奇异值分解的滚动轴承故障诊断方法研究[J]. 振动与冲击, 2015, 34(20): 61-65.

[20] Su Z Y, Zhang Y M, Jia M P, et al. Gear fault identification and classification of singular value decomposition based on Hilbert-Huang transform[J]. Journal of Mechanical Science and Technology, 2011, 25(2): 267-272.

[21] Han T, Jiang D X, Zhang X C, et al. Intelligent diagnosis method for rotating machinery using dictionary learning and singular value decomposition[J]. Sensors, 2017, 17(4): 689.

[22] Song Y W, Wang C, Cheng G, et al. Rolling bearing fault diagnosis based on cascaded singular value decomposition and hilbert transformation[J]. Coal Mine Machinery, 2014, 11(11): 1149-1162.

[23] 刘丽明. 矩阵奇异值与特征值的估计[D]. 成都: 电子科技大学, 2006.

[24] 冷建华. 傅里叶变换[M]. 北京: 清华大学出版社, 2004.

[25] Yoshizawa T. Fast Fourier transform and its applications[J]. Journal of the Society of Instrument & Control Engineers, 1969, 8: 851-860.

[26] Cooley J W, Tukey J W. An algorithm for the machine calculation of complex Fourier series[J]. Mathematics of Computation, 1965, 19(90): 297-301.

[27] 余晓芬, 俞建卫, 费业泰. 混合谱动态测试信号综合分析法[J]. 中国科学技术大学学报, 2002, 32(1): 111-116.

[28] Qi G. Wavelet-based AE characterization of composite materials[J]. NDT & E International, 2000, 33(3): 133-144.

第4章　焊接裂纹声发射信号降噪

在焊接过程的声发射信号采集时，由于试件与夹具的摩擦和电弧冲击的干扰，采集到的焊接裂纹声发射信号频带存在重叠的情形，并呈现出复杂噪声背景下特征微弱的特点。为了利用声发射检测技术实现焊接结构裂纹的在线检测，需要对焊接过程中结构裂纹声发射信号进行降噪，获取复杂噪声背景下焊接裂纹激励源声发射信号，为焊接结构裂纹激励源声发射信号检测提供理论与方法，是实现焊接结构裂纹激励源声发射信号检测的关键。鉴于 EMD 的自适应分解能力和小波包良好的降噪特性，本章提出一种基于 EMD 和小波包的降噪方法，介绍该方法的基本理论及其在复杂噪声背景下声发射信号降噪方面的应用。

4.1　经验模态分解基本原理

对于焊接过程中采集到的裂纹声发射信号，单独依靠小波、EMD、LMD[1,2] 等现代信号处理方法不能保证提取得到特征信号源的单一性，分解获得的分量并不一定由单一的谐波组成，加上焊接裂纹声发射信号[3-5]具有多模态混叠特性，因此很难将不同声发射源信号从原始信号中有效分离并提取出来。考虑到 EMD 的自适应分解能力，小波包具备单一小波基无法同时满足的对称性、正交性、紧支性和高阶消失矩等优良特性，因此可以匹配信号中的不同特征信息，较好地改善模态混叠现象[6]。本节结合 EMD 的自适应分解能力和多小波基可以匹配信号中不同特征信息的特性，介绍一种基于 EMD 和小波包的降噪方法，实现焊接裂纹激励源声发射信号降噪。

4.1.1　经验模态分解理论

Huang 等[7]和 Wu 等[8]提出的经验模态分解方法是一种全新的时频分析方法。该方法依据信号本身的时间尺度特征，将信号自适应地分解为含有不同时间尺度且满足以下两个定义条件的一组固有模态函数分量[9,10]：①在整个时间范围内，函数局部极值点和过零点的数目必须相等，或最多相差一个；②在任意时刻点，局部最大值的包络(上包络线)和局部最小值的包络(下包络线)的均值必须为零，即信号的上下包络线关于时间轴对称[11]。EMD 的整个过程称为迭代筛选过程，给定原始信号 $x(t)$，具体的分解过程如下[12]。

首先计算 $x(t)$ 的包络均值 m_1，用 $x(t)$ 减去 m_1 得到一个新的数据序列 h_1：

$$x(t) - m_1 = h_1 \tag{4.1}$$

然后对 h_1 重复上述过程，有

$$h_1 - m_{11} = h_{11} \tag{4.2}$$

式中，m_{11} 为 h_1 的上下包络均值。

重复上述过程 k 次，直到 h_{1k} 是一个 IMF，即

$$h_{1(k-1)} - m_{1k} = h_{1k} \tag{4.3}$$

把第一个固有模态函数记为 IMF_1，即

$$IMF_1 = h_{1k} \tag{4.4}$$

将 IMF_1 从原始序列中分离出来，得到残余项 r_1：

$$r_1 = x(t) - IMF_1 \tag{4.5}$$

最后将残余项 r_1 作为新的序列，重复上述过程，得到新的残余项 r_2：

$$r_2 = r_1 - IMF_2 \tag{4.6}$$

重复以上过程，直到残余项 $r_n(t)$ 变成一个单调函数，至此原始信号分解结束，得到

$$x(t) = \sum_{i=1}^{n} IMF_i(t) + r_n(t) \tag{4.7}$$

通常，满足前述 IMF 分量的第一个定义条件，能有效去除附加干扰信号的影响；而第二个定义条件很难满足，在实际使用时，必须采用一定的筛分标准来使筛分过程能够完成。Huang 等[7]采用一个人为的筛分标准差 S 来满足筛分过程，筛分标准差可表示为

$$S = \sum_{k=1}^{n} \left[\left| h_{1(k-1)}(t) - h_{1k}(t) \right|^2 \Big/ h_{1(k-1)}^2(t) \right] \tag{4.8}$$

式中，S 值一般被设置为 0.2～0.3。

图 4.1 为经验模态分解流程图。

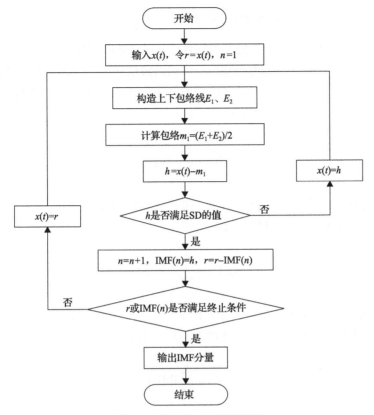

图 4.1　经验模态分解流程图

4.1.2　经验模态分解的自适应性

EMD 方法可以将信号自适应地分解成一系列 IMF 分量，适用于对非线性、非平稳信号进行自适应滤波分析[13]。EMD 方法的自适应性主要体现在以下两个方面：

1) 基函数产生的自适应性

EMD 方法在整个筛分过程中是直接的、自适应的，和小波包分析相比，其无须选取基函数。在 EMD 中，基函数由信号本身产生，不同的信号产生不同的基函数。因此，EMD 是根据信号本身的信息对信号进行自适应分解的。

2) 自适应滤波特性

对 EMD 后所获得的某些 IMF 分量进行组合，可以构成高通滤波器、低通滤波器、带通滤波器以降低信号中的噪声含量。假定信号 $x(t)$ 是一维含噪信号，可用如下形式表示：

$$x(t) = f(t) + \varepsilon \cdot e(t), \quad t = 0, 1, \cdots, n-1 \tag{4.9}$$

式中，$x(t)$ 为含噪信号；$f(t)$ 为有用信号；$e(t)$ 为噪声信号。

利用 EMD 方法对信号进行滤波，可以消减信号中混杂的噪声。若去除先分解出来的第一个或几个 IMF 分量，然后把其余 IMF 分量组成一个信号，则相当于原始信号经过如下低通滤波器进行滤波：

$$x_{lk}(t) = \sum_{i=k}^{n} \mathrm{IMF}_i(t) \tag{4.10}$$

若去除最后一个或几个 IMF 分量，把其余 IMF 分量组合起来，则相当于原始信号通过如下高通滤波器进行滤波：

$$x_{hk}(t) = \sum_{i=1}^{k} \mathrm{IMF}_i(t) \tag{4.11}$$

若去除第一个和最后一个或几个 IMF 分量，把其余的 IMF 分量组合起来，则相当于原始信号通过如下带通滤波器进行滤波：

$$x_{bk}(t) = \sum_{i=b}^{k} \mathrm{IMF}_i(t) \tag{4.12}$$

4.2　小波包降噪的基本原理

4.2.1　小波包降噪理论

小波包分析[14]是将频带进行多层次划分，对没有细分的高频部分进行进一步分解，并能够较好地提取信号在不同频带的局部特征，其具体实现过程如下：

在多分辨率分析中，$L^2(\mathbb{R}) = \underset{j \in \mathbb{Z}}{\oplus} W_j$，说明是按照不同的尺度因子 j 把 Hilbert 空间 $L^2(\mathbb{R})$ 分解为所有子空间 $W_j (j \in \mathbb{Z})$ 的正交和，其中，W_j 为小波函数 $\psi(t)$ 的小波子空间。小波包分析就是进一步将小波子空间 W_j 按照二进制分式进行频率细分，以达到提高频率分辨率的目的。

一种自然的做法是将尺度空间 V_j 和小波子空间 W_j 用一个新的子空间 U_j^n 统一起来表征，若令

$$\begin{cases} U_j^0 = V_j \\ U_j^1 = W_j \end{cases}, \quad j \in \mathbb{Z} \tag{4.13}$$

则 Hilbert 空间的正交分解 $V_{j+1} = V_j \oplus W_j$ 可用 U_j^n 的分解统一为

$$U_{j+1}^0 = U_j^0 \oplus U_j^1 \tag{4.14}$$

定义子空间 U_j^n 是函数 $U_n(t)$ 的小波子空间，而 U_j^{2n} 是函数 $U_{2n}(t)$ 的小波子空间，并令 $u_n(t)$ 满足下面的双尺度方程：

$$\begin{cases} u_{2n}(t) = \sqrt{2} \sum_{k \in \mathbb{Z}} h(k) u_n(2t - k) \\ u_{2n+1}(t) = \sqrt{2} \sum_{k \in \mathbb{Z}} g(k) u_n(2t - k) \end{cases} \tag{4.15}$$

式中，$g(k) = (-1)^k h(1-k)$，即两系数也具有正交关系。

当 $n=0$ 时，由式 (4.15) 可得

$$\begin{cases} u_0(t) = \sum_{k \in \mathbb{Z}} h_k u_0(2t - k) \\ u_1(t) = \sum_{k \in \mathbb{Z}} g_k u_0(2t - k) \end{cases} \tag{4.16}$$

在小波包分析中，$\phi(t)$ 和 $\psi(t)$ 满足双尺度方程：

$$\begin{cases} \phi(t) = \sum_{k \in \mathbb{Z}} h_k \phi(2t - k) \\ \psi(t) = \sum_{k \in \mathbb{Z}} g_k \psi(2t - k) \end{cases} \tag{4.17}$$

对比式 (4.16) 与式 (4.17) 可知，$u_0(t)$ 和 $u_1(t)$ 分别退化为尺度函数 $\phi(t)$ 和小波基函数 $\psi(t)$。式 (4.16) 是式 (4.17) 的等价表示。把这种等价表示推广到 $n \in \mathbb{Z}_+$ 的情况，即得到式 (4.15) 的等价表示为

$$U_{j+1}^n = U_j^n \oplus U_j^{2n+1}, \quad j \in \mathbb{Z}, n \in \mathbb{Z}_+ \tag{4.18}$$

由式 (4.15) 构造的序列 $\{u_n(t)\}$（其中，$n \in \mathbb{Z}_+$）称为由基函数 $u_0(t) = \phi(t)$ 确定的正交小波包。由于 $\phi(t)$ 由 h_k 唯一确定，又称 $\{u_n(t)\}_{n \in \mathbb{Z}}$ 是关于序列 $\{h(k)\}$ 的正交小波包。

4.2.2　小波包降噪分析

小波包分析中信号降噪的思想和小波包分析中的基本相同，所不同的是小波包分析对上层的低频部分和高频部分同时进行分解，具有更强的局部分析能力。

一般地，小波包降噪的基本步骤如下：

(1)信号的小波包分解，选择一个合适的小波基并确定所需分解的层次，对信号进行小波包分解。

(2)确定最优小波基，本章采用最小香农熵(Shannon entropy)准则[15]，计算最优树。

(3)小波包分解系数的阈值量化，选取合适的阈值对选取的最优小波基的系数进行量化处理。

(4)信号的小波包重构，将阈值量化处理后的最优小波基的系数进行重构。

由小波包降噪的步骤可知，小波基及分解层数的确定、最优小波基的选取、阈值函数及阈值准则的选取，在一定程度上直接关系到对信号进行降噪处理的效果。

1. 小波基及分解层数的确定

1)小波基的选取

一般情况下，对小波基进行分析时，主要针对紧支性、正交性、对称性和消失矩等特征。由于 daubechies(db)小波具有紧支撑的正交性和双正交性，并且具有随阶数递增的消失矩数目和绝对的规则性，可实现快速算法，因此通常选用 db 系列小波基函数对信号进行小波包分解[16]。另外，小波基消失矩反映了小波基函数的光滑性，消失矩越大，小波基函数越光滑，紧支撑区间越大，越不利于局部化分析。为了较好地对信号进行局部化分析，需要选择合适的小波基消失矩。本章采用具有不同消失矩的小波基对信号进行相同分解尺度的小波包分解软阈值降噪处理，比较其降噪后的信噪比(signal-to-noise ratio, SNR)，确定信噪比最大的一组小波基的消失矩，将其作为选用的最优小波基消失矩。其中，信噪比的数学表达式为

$$\mathrm{SNR} = 10\lg\left[\frac{\sum\limits_{t=1}^{n} x^2(t)}{\sum\limits_{t=1}^{n}\left[x(t) - \hat{x}(t)\right]^2}\right] \tag{4.19}$$

式中，n 为信号长度。信噪比值越大，降噪效果越好。

2)小波包分解层数的确定

当对信号进行小波包分解时，随着分解层数的增加，噪声信号的能量会逐渐衰减，主要体现在噪声信号分解的小波包节点系数越来越小；但是，当分解层数过多时，不仅会增加计算量，而且会造成信号中的特征信号丢失，从而使信噪比下降。本章在选取小波包分解层数时采用闫晓玲等[17]提出的一种基于香农熵的信号小波包分解层数确定方法，为了保证该方法的收敛性，设定最大分解层数 $j_{max} = 8$，其基本步骤如下：

(1)设定小波包分解层数 $j = 2$；

(2)采用同一小波基对信号进行 j 层分解；

(3)计算第 j 层及第 $j-1$ 层细节信号的香农熵值；

(4)比较第 j 层及第 $j-1$ 层细节信号的香农熵值大小，如果 $|j_s - (j-1)_s| \leqslant 1 \times 10^{-4}$，那么分解层数为 $j-1$，否则判断 $j \geqslant j_{max}$ 是否成立，若成立，则分解层数为 j，若不成立，则 $j = j+1$，跳转至步骤(2)。

2. 最优小波基的选取

对信号进行小波包分解后，通常存在多种小波基。小波包分析在确定最优小波基时所用的标准，没有严格的理论作为保证，不同的问题所用标准不一致，需要根据具体分析的要求，选择一个最优的小波基，即最优基(也称为最优树)。

对于一维信号 $x(t)$，假定 $x_i(t)$ 为一个正交小波基上的投影系数，熵 E 是递增的价值函数，即 $E(0) = 0$，$E[x(t)] = \sum_i E[x_i(t)]$，常用的四种熵标准为香农熵、$l^p$ 范数熵、对数能量熵和阈值熵。其数学表达式分别如下[18]。

(1)香农熵：$E[x(t)] = -\sum_i x_i^2(t) \log_2 [x_i^2(t)]$；

(2)l^p 范数熵：$E[x(t)] = \sum_i |x_i(t)|^p$；

(3)对数能量熵：$E[x(t)] = \sum_i \log_2 [x_i^2(t)]$；

(4)阈值熵：如果 $|x_i(t)| > \gamma$，那么 $E[x(t)] = 1$，其余 $E[x(t)] = 0$，其中 γ 为信号阈值。

3. 阈值函数及阈值准则的选取

常用的阈值函数主要有硬阈值函数和软阈值函数。软阈值函数在小波域内是连续的，进行重构时不会产生较大的均方误差与振荡，相对于硬阈值函数，降噪效果要好，因此在对信号进行阈值降噪时通常采用软阈值函数[19]。

常用的阈值准则主要有固定(sqtwolog)阈值准则、自适应(rigrsure)阈值准则、启发式(heursure)阈值准则和极大极小(minimaxi)阈值准则。固定阈值准则和启发式阈值准则是将全部的小波包系数进行处理，相当于对各个频段都进行了降噪，虽然可以有效地实现信号降噪，但是会导致有用信号丢失。自适应阈值准则和极大极小阈值准则是对部分小波包系数进行降噪处理，其降噪效果不明显，但是有利于保留有用信号。综合考虑，本章选用极大极小阈值准则和软阈值函数对小波包分解系数进行阈值量化。

极大极小阈值准则的数学表达式为

$$\gamma_0 = \begin{cases} \sigma(0.3936 + 0.1829\log_2 N), & N \geqslant 32 \\ 0, & N < 32 \end{cases} \tag{4.20}$$

式中，γ_0 为阈值；σ 为噪声信号的均方误差；N 为小波包节点系数的个数。

软阈值函数的表达式为

$$\eta(x, \gamma_0) = \begin{cases} 0, & |x| < \gamma_0 \\ \text{sign}(x)(|x| - \gamma_0), & |x| \geqslant \gamma_0 \end{cases} \tag{4.21}$$

式中，x 为小波包节点系数。

4.3　焊接裂纹声发射信号降噪分析

4.3.1　基于经验模态分解和小波包降噪的方法

EMD 方法是根据信号自身特点进行自适应分解，无须选择基函数，具有自适应分解能力。由于铝合金平板结构焊接裂纹声发射信号主要分布在高频 IMF 分量中，而高频 IMF 分量中同样包含了大量噪声，所以采用 EMD 方法对信号进行降噪会导致信号上残留一定的噪声，降噪效果较差。采用单一的小波基对信号进行小波包分解降噪，难以有效匹配信号中的不同特征信息，容易造成特征信号丢失。针对以上两种方法存在的不足，为了实现复杂噪声背景下声发射信号的降噪处理，本节结合 EMD 自适应分解能力和小波包能够有效匹配信号中不同特征信息的特性，提出了基于 EMD 和小波包的降噪方法，该方法基本流程如图 4.2 所示。

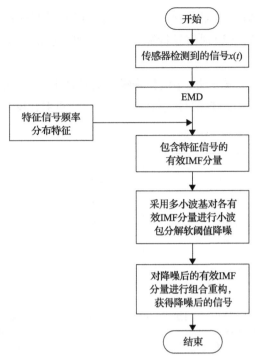

图 4.2   基于 EMD 和小波包的降噪基本流程

4.3.2 仿真信号降噪分析

为了验证本节所提出的降噪方法的可行性,构造了一个声发射信号仿真模型,其表达式为

$$
\begin{aligned}
x(t) = & 2\exp\left\{-2\pi\left[(t-t_1)/\alpha_1\right]^2\right\}\sin\left[2\pi f_1(t-t_1)\right] \\
& + 2\exp\left\{-2\pi\left[(t-t_2)/\alpha_2\right]^2\right\}\sin\left[2\pi f_2(t-t_2)\right] \\
& + 2\exp\left\{-2\pi\left[(t-t_3)/\alpha_3\right]^2\right\}\sin\left[2\pi f_3(t-t_3)\right]
\end{aligned}
\tag{4.22}
$$

信号由三个脉冲组成,f_1、f_2、f_3 分别是以时间 t_1、t_2、t_3 为中心的 3 个谐波信号的频率。其中,$f_1 = 70\text{kHz}$、$f_2 = 80\text{kHz}$、$f_3 = 90\text{kHz}$、$t_1 = 0.7\text{ms}$、$t_2 = 0.8\text{ms}$、$t_3 = 0.9\text{ms}$、$\alpha_1 = 0.0001$、$\alpha_2 = 0.00015$、$\alpha_3 = 0.0002$,采样频率为 500kHz。在仿真信号中添加信噪比 3dB 的高斯白噪声,得到加噪后的声发射仿真信号。

图 4.3 为声发射仿真信号波形图及频谱图,图 4.4 为加噪后声发射仿真信号波形图及频谱图。对比图 4.3 和图 4.4 可知,声发射仿真信号加入噪声后,信号出

现频带重叠现象，呈现出复杂噪声背景下信号特征微弱的特点，难以有效地识别信号特征。为了有效识别信号特征，需要对加噪后的声发射仿真信号进行降噪处理。

　　本节采用 EMD 降噪方法、小波包降噪方法及基于 EMD 和小波包的降噪方法分别对加噪后的声发射仿真信号进行降噪处理，通过对比降噪后信号的信噪比，选取最优的降噪方法。

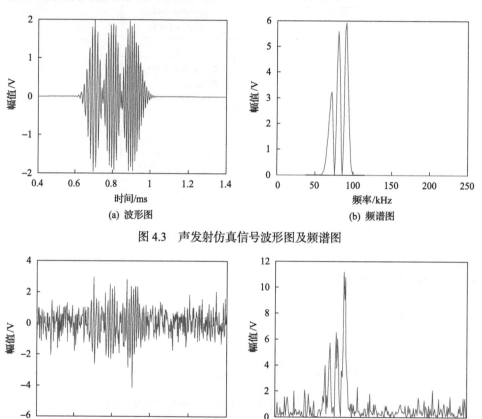

(a) 波形图　　　　　　　　　　　　　(b) 频谱图

图 4.3　声发射仿真信号波形图及频谱图

(a) 波形图　　　　　　　　　　　　　(b) 频谱图

图 4.4　加噪后声发射仿真信号波形图及频谱图

1. EMD 降噪

　　采用 EMD 方法将加噪后的声发射仿真信号自适应分解成 5 个 IMF 分量和 1 个表征信号趋势的残余分量。其中，残余分量单调且幅值小，可以忽略。图 4.5 为加噪后的声发射仿真信号经 EMD 降噪后的 IMF 分量波形图及频谱图。

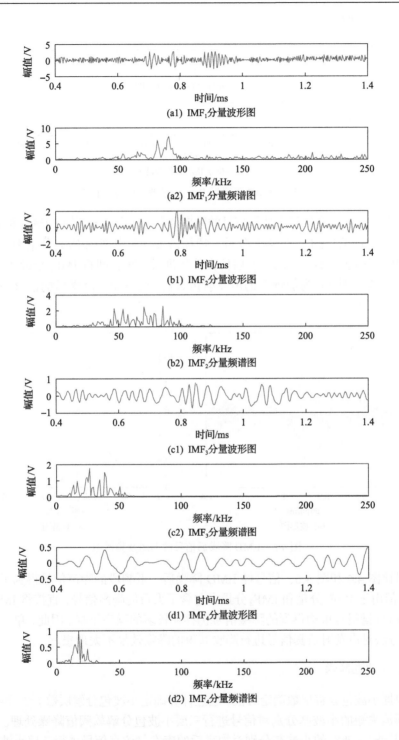

(a1) IMF$_1$分量波形图

(a2) IMF$_1$分量频谱图

(b1) IMF$_2$分量波形图

(b2) IMF$_2$分量频谱图

(c1) IMF$_3$分量波形图

(c2) IMF$_3$分量频谱图

(d1) IMF$_4$分量波形图

(d2) IMF$_4$分量频谱图

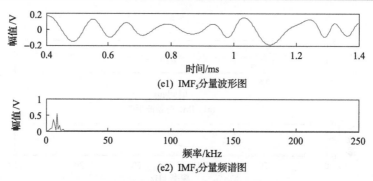

(e1) IMF$_5$分量波形图

(e2) IMF$_5$分量频谱图

图 4.5　EMD 降噪后 IMF 分量波形图及频谱图

结合声发射仿真信号中特征信号的频率分布，由图 4.5 可知，IMF$_1$ 和 IMF$_2$ 分量为包含特征信号的有效 IMF 分量。特征信号分布在高频 IMF 分量中，因此采用 EMD 高通法对加噪后的声发射仿真信号进行降噪，即将 IMF$_1$ 分量和 IMF$_2$ 分量组合重构。图 4.6 为加噪后的声发射仿真信号经 EMD 降噪后的信号波形图及频谱图。

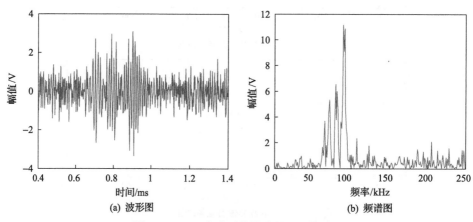

(a) 波形图　　　　　　　　　　　　(b) 频谱图

图 4.6　EMD 降噪后信号波形图及频谱图

对比图 4.4 和图 4.6，信号经 EMD 降噪后，低频段的噪声信号得到了较好的抑制。但由于 IMF$_1$ 分量和 IMF$_2$ 分量中包含了大量的噪声信号，直接将 IMF$_1$ 分量和 IMF$_2$ 分量组合重构得到的降噪信号仍存在较多的噪声干扰。因此，单一地采用 EMD 方法对声发射仿真信号进行降噪获得的降噪效果不太理想。

2. 小波包降噪

根据小波包分解层数确定方法，通过计算确定小波包分解层数 $j=3$，再采用具有不同消失矩的小波基分别对信号进行三层小波包分解软阈值降噪处理。图 4.7 为采用 db1～db8 的小波基分别对加噪后的声发射仿真信号进行三层小波包分解软阈值降噪处理后信号的信噪比。

图 4.7 显示当小波基消失矩数目为 3 时，加噪后的声发射仿真信号经小波包降噪后信号的信噪比最大。因此，本章采用 db3 小波基将加噪后的声发射仿真信号进行三层小波包分解。根据香农熵准则选取最优小波基。图 4.8 为声发射信号的三层最优小波包分解树。

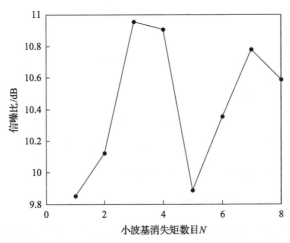

图 4.7　db 系列小波基处理后信号的信噪比

根据图 4.8 选取最优小波基，采用极大极小阈值准则选取最优小波基的节点系数的阈值，对其进行软阈值降噪处理，将降噪后的最优小波基的节点系数进行信号重构，获得降噪后的信号。图 4.9 为加噪后的声发射仿真信号经小波包分解软阈值降噪后的波形图及频谱图。对比图 4.4 和图 4.9 可知，加噪后的声发射仿真信号经小波包分解软阈值降噪后，噪声信号得到了较好的抑制。由于采用单一小

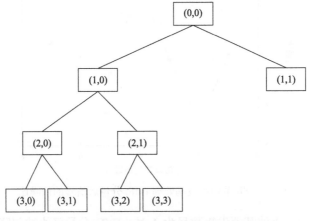

图 4.8　声发射信号的三层最优小波包分解树

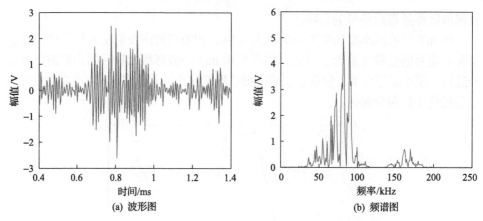

(a) 波形图　　　　　　　　　　　　(b) 频谱图

图 4.9　小波包降噪后的信号波形图及频谱图

波基作用于整个信号，难以匹配信号中的不同特征信息，所以信号经小波包降噪后存在特征信号丢失的情况，降噪效果较差。

3. 基于 EMD 和小波包的降噪

本节采用小波包分解软阈值降噪方法对包含信号特征的有效 IMF 分量进行降噪处理，将降噪后的 IMF_1 分量和 IMF_2 分量组合重构获得降噪后的信号波形。首先，对 IMF_1 分量进行降噪处理，根据小波包分解层数确定方法，通过计算确定小波包分解层数 $j=4$。图 4.10 为使用 db1～db8 小波基对 IMF_1 分量进行四层小波包分解软阈值降噪处理后信号的信噪比。

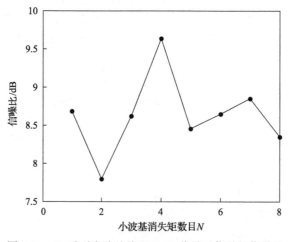

图 4.10　db 系列小波基处理 IMF_1 分量后信号的信噪比

图 4.10 显示当小波基消失矩数目为 4 时，IMF_1 分量经小波包降噪后信号的信

噪比最大。因此，本节采用 db4 小波基将 IMF_1 分量进行四层小波包分解。采用香农熵准则选取最优小波基，图 4.11 为最优小波包分解树。

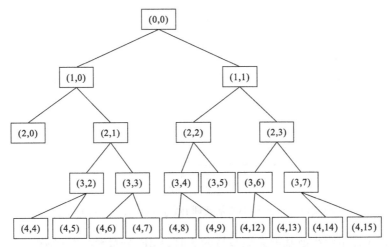

图 4.11　IMF_1 分量的四层小波包分解树

　　首先，根据图 4.11 选取最优小波基，采用极大极小阈值准则选取最优小波基节点系数的阈值，对其进行软阈值降噪处理，将降噪后的最优小波基节点系数进行信号重构，获得降噪后的 IMF_1 分量。图 4.12 为 IMF_1 分量经小波包分解软阈值降噪后信号的波形图及频谱图。

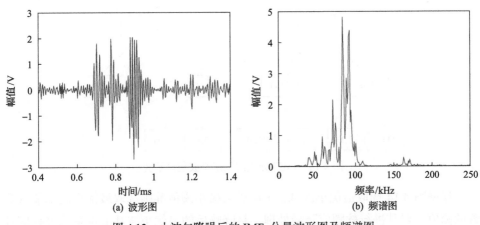

(a) 波形图　　　　　　　　　　(b) 频谱图

图 4.12　小波包降噪后的 IMF_1 分量波形图及频谱图

　　然后，对 IMF_2 分量进行小波包分解软阈值降噪处理。根据小波包分解层数确定方法，通过计算确定小波包分解层数 $j=3$。图 4.13 为使用 db1～db8 小波基对 IMF_2 分量进行三层小波包分解软阈值降噪处理后信号的信噪比。

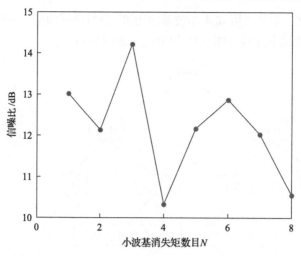

图 4.13　db 系列小波基处理 IMF$_2$ 分量后信号的信噪比

图 4.13 显示当小波基消失矩数目为 3 时，IMF$_2$ 分量经小波包降噪后信号的信噪比最大。因此，本节选用 db3 小波基将 IMF$_2$ 分量进行三层小波包分解。根据香农熵准则选取最优小波基，图 4.14 为 IMF$_2$ 分量的三层小波包分解树。

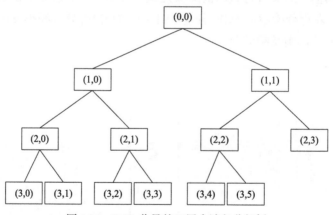

图 4.14　IMF$_2$ 分量的三层小波包分解树

根据图 4.14 选取最优小波基，采用极大极小阈值准则选取最优小波基节点系数的阈值，对其进行软阈值降噪处理，将降噪后的最优小波基节点系数进行信号重构，获得降噪后的 IMF$_2$ 分量。图 4.15 为 IMF$_2$ 分量经小波包分解软阈值降噪后信号的波形图及频谱图。

最后，将降噪后的 IMF$_1$ 分量和 IMF$_2$ 分量组合重构，获得加噪的声发射仿真信号经降噪后的信号。图 4.16 为基于 EMD 和小波包降噪后的信号波形图及频谱图。

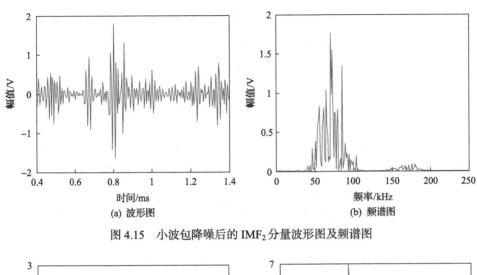

(a) 波形图　　　　　　　　　　　　(b) 频谱图

图 4.15　小波包降噪后的 IMF$_2$ 分量波形图及频谱图

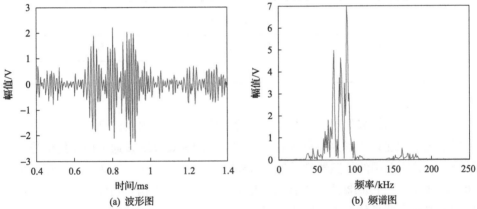

(a) 波形图　　　　　　　　　　　　(b) 频谱图

图 4.16　基于 EMD 和小波包降噪后的信号波形图及频谱图

表 4.1 为加噪后的声发射仿真信号经各种降噪方法降噪后的信噪比。

表 4.1　经各种降噪方法降噪后信号的信噪比

降噪方法	EMD	小波包	基于 EMD 和小波包
信噪比/dB	8.73	10.93	27.23

由表 4.1 可知，基于 EMD 和小波包分解软阈值的降噪方法能够较好地实现原始信号的降噪。多小波基具备同时满足对称性、正交性、紧支性和高阶消失矩等优良特性，可以匹配信号中的不同特征信息，因此在很大程度上克服了单一小波基难以匹配信号中不同特征信息的缺陷，同时提高了 EMD 的分解能力。

4.3.3　铝合金平板结构焊接裂纹声发射信号降噪分析

通过对铝合金平板结构进行单边拉伸实验，采集拉伸过程中的焊接裂纹声发射信号，为研究复杂噪声背景下的信号降噪方法提供实验数据。

1. 实验材料及设备

1）实验材料

实验所选用的材料为 2024 铝合金平板，其基本尺寸为 150mm×50mm×3mm。2024 铝合金的化学成分及其力学性能分别如表 4.2 和表 4.3 所示。

表 4.2　2024 铝合金的化学成分

合金元素	Cu	Mg	Mn	Fe	Si	Zn	Ti	Al
含量/%	3.8～4.5	1.2～1.6	0.3～0.7	0.5	0.5	0.1	0.15	余量

表 4.3　2024 铝合金的力学性能

抗拉强度 σ_b/MPa	延伸率 δ/%	硬度/HV
430	15	135

2）实验设备

实验加载系统采用国产 WDW 电子万能实验机，如图 4.17 所示。声发射信号采集系统采用北京声华兴业科技有限公司生产的 SAEU2S 多通道声发射信号采集系统。实验所采用的传感器型号为 SR150M，其中心频率为 150kHz，工作频率为 60～400kHz，在传感器之后设置 PAI 型的前置放大器将信号强度进行提高。传感器和前置放大器具体布置如图 4.18 所示。

图 4.17　WDW 电子万能实验机控制系统

图 4.18　传感器及前置放大器布置

2. 拉伸过程中的焊接裂纹声发射信号采集与降噪分析

在铝合金平板结构的焊缝处预制一条长度为 5mm 的初始裂纹，裂纹与平板的短边平行。采用 WDW 电子万能实验机对铝合金平板结构进行单边拉伸，同时通过 SAEU2S 多通道声发射信号采集系统采集拉伸过程中的焊接裂纹声发射信号。表 4.4 为声发射信号采集系统的参数设置。

表 4.4　拉伸过程中的焊接裂纹声发射信号采集系统参数设置

参数项	采样频率/kHz	采样长度	参数间隔/μs	波形门限/dB	闭锁时间/μs	软件闭锁时间/μs
参数值	2500	2000	1000	45	2000	1000

图 4.19 为铝合金平板结构单边拉伸过程中传感器采集到的声发射信号波形图及频谱图。从传感器采集到的声发射信号中选择一段信号进行分析，这里选取 63.2～67.2ms 的数据点作为传感器采集到的焊接裂纹声发射信号。图 4.20 为铝

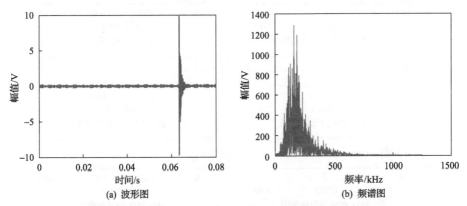

(a) 波形图　　　　　　　　　　　　　(b) 频谱图

图 4.19　铝合金平板结构单边拉伸过程中的声发射信号波形图及频谱图

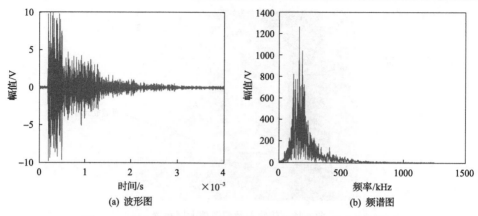

(a) 波形图　　　　　　　　　　　　　　(b) 频谱图

图 4.20　铝合金平板结构焊接裂纹声发射信号波形图及频谱图

合金平板结构焊接裂纹声发射信号波形图及频谱图。

图 4.20 显示拉伸过程中传感器采集到的焊接裂纹声发射信号频段主要分布在 0～500kHz。由于铝合金平板结构焊缝裂纹声发射信号的频段主要集中在 100～200kHz，为了准确地获取铝合金平板结构焊接裂纹声发射信号，需要对传感器采集到的焊接裂纹声发射信号进行降噪处理。

首先，采用 EMD 方法将焊接裂纹声发射信号进行分解。图 4.21 为焊接裂纹声发射信号的 8 个 IMF 分量波形图及频谱图。

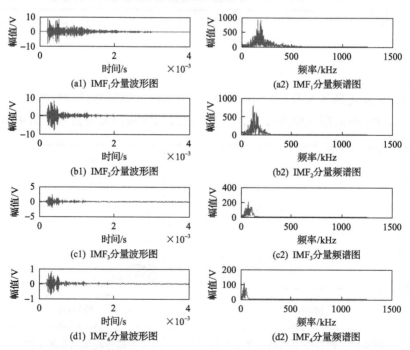

(a1) IMF$_1$分量波形图　　　　　　　　(a2) IMF$_1$分量频谱图

(b1) IMF$_2$分量波形图　　　　　　　　(b2) IMF$_2$分量频谱图

(c1) IMF$_3$分量波形图　　　　　　　　(c2) IMF$_3$分量频谱图

(d1) IMF$_4$分量波形图　　　　　　　　(d2) IMF$_4$分量频谱图

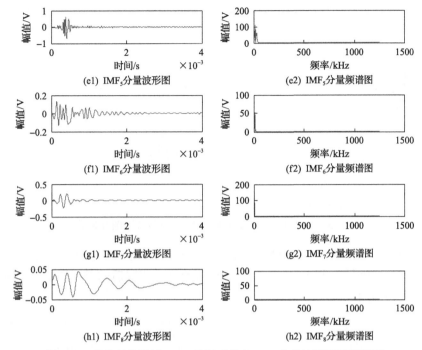

图 4.21　声发射信号经 EMD 分解后的各 IMF 分量波形图及频谱图

　　然后，根据铝合金平板结构焊接裂纹声发射信号的频率分布特征，结合图 4.21，选取 IMF_1 和 IMF_2 分量为焊接裂纹声发射信号中的有效 IMF 分量。

　　经过多重小波和尺度分析，采用 db6 小波基对 IMF_1 分量进行小波包 5 层分解，图 4.22 为 IMF_1 分量经小波包分解软阈值降噪后的信号波形图及频谱图。采用 db4 小波基对 IMF_2 分量进行小波包 4 层分解，图 4.23 为 IMF_2 分量经小波包分解软阈值降噪后的信号波形图及频谱图。

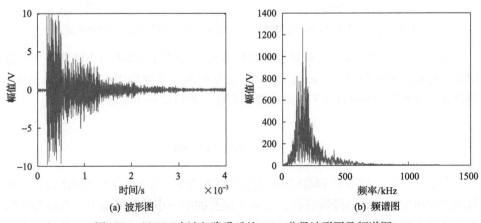

图 4.22　经 db6 小波包降噪后的 IMF_1 分量波形图及频谱图

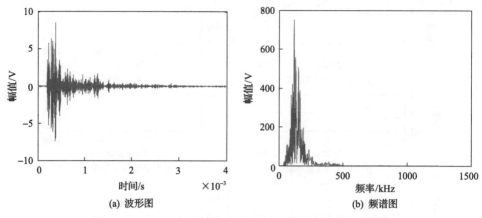

图 4.23　经 db4 小波包降噪后的 IMF_2 分量波形图及频谱图

将降噪后的 IMF_1 分量与降噪后的 IMF_2 分量组合重构，获得原始信号经本节方法降噪后的信号。图 4.24 为基于 EMD 和小波包降噪后的焊接裂纹声发射信号波形图及频谱图。

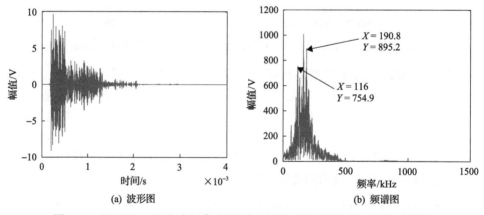

图 4.24　基于 EMD 和小波包降噪后的焊缝裂纹声发射信号波形图及频谱图

对比图 4.20 和图 4.24，可见原始焊接裂纹声发射信号经本节方法降噪后，有用信号得到了较好保留，且降噪后的声发射信号频段主要集中在 116～190.8kHz，符合文献[20]所述的铝合金平板结构焊接裂纹声发射信号主要频率区间。

4.4　本 章 小 结

本章介绍了一种基于 EMD 和小波包的降噪方法，该方法结合 EMD 自适应分解能力和小波包良好的降噪特性，克服了现有的单一小波基降噪方法难以有效匹配复杂噪声背景下信号中不同特征信息的缺陷，有效实现了复杂噪声背景下声发射信号的降噪处理。构造了声发射信号仿真模型，将基于 EMD 和小波包的降噪方法与 EMD 降噪方法、小波包降噪方法分别应用到声发射仿真信号的性能对比分析，证明基于 EMD 和小波包的降噪方法能够有效实现复杂噪声背景下声发射信号的降噪。设计了铝合金平板结构拉伸过程中的焊接裂纹声发射信号采集实验，将基于 EMD 和小波包的降噪方法应用于铝合金平板结构焊接裂纹声发射信号的降噪分析，实现了铝合金平板结构焊接裂纹声发射信号的降噪，为焊接裂纹检测提供了方法与手段。

参 考 文 献

[1] 薛家祥, 易志平. 弧焊过程电信号的小波包分析[J]. 机械工程学报, 2003, 39(4): 128-130.

[2] 任达千, 杨世锡, 吴昭同, 等. LMD 时频分析方法的端点效应在旋转机械故障诊断中的影响[J]. 中国机械工程, 2012, 23(8): 951-956.

[3] He K F, Xia Z X, Si Y, et al. Noise reduction of welding crack AE signal based on EMD and wavelet packet[J]. Sensors, 2020, 20(3): 761.

[4] 吴小俊, 王怀建. 小波去噪在焊接裂纹声发射信号处理中的应用[J]. 热加工工艺, 2011, 40(11): 176-178, 181.

[5] 周志鹏. 同步压缩小波变换在焊接裂纹声发射信号检测中的应用[D]. 湘潭: 湖南科技大学, 2016.

[6] Jiang X M, Mahadevan S, Adeli H. Bayesian wavelet packet denoising for structural system identification[J]. Structural Control and Health Monitoring, 2007, 14(2): 333-356.

[7] Huang N E, Shen Z, Long S R, et al. The empirical mode decomposition and the Hilbert spectrum for nonlinear and non-stationary time series analysis[J]. Proceedings of the Royal Society of London Series A: Mathematical, Physical and Engineering Sciences, 1998, 454(1971): 903-995.

[8] Wu Z H, Huang N E. Ensemble empirical mode decomposition: A noise-assisted data analysis method[J]. Advances in Adaptive Data Analysis, 2009, 1(1): 1-41.

[9] Cheng J S, Yu D J, Yang Y. Research on the intrinsic mode function(IMF)criterion in EMD method[J]. Mechanical Systems and Signal Processing, 2006, 20(4): 817-824.

[10] 程军圣, 于德介, 杨宇. 经典模态分解方法中内禀模态函数判据问题研究[J]. 中国机械工程, 2004, 15(20): 1861-1864.

[11] Wu Q, Liu Y B, Yan K G. A new approach to improved Hilbert-Huang transform[C]. The 6th World Congress on Intelligent Control and Automation, Dalian, 2006: 5506-5510.

[12] 张世强. 紧支集双正交小波的构造及应用研究[D]. 大连: 大连海事大学, 2015.

[13] 王奉伟, 周世健, 罗亦泳. 自适应 LMD 融合新小波阈值函数的信号去噪[J]. 人民长江, 2016, 47(13): 97-101.

[14] Zhang X S, Wang J B, Wang J Z. Study on noise reduction for ultrasonic guided wave detection signal based on fuzzy wavelet packet[J]. Foreign Electronic Measurement Technology, 2011. 30(9): 21-24.

[15] Kankar P K, Sharma S C, Harsha S P. Rolling element bearing fault diagnosis using wavelet transform[J]. Neurocomputing, 2011, 74(10): 1638-1645.

[16] 王胜春. 自适应时频分析技术及其在故障诊断中的应用研究[D]. 济南: 山东大学, 2007.

[17] 闫晓玲, 董世运, 徐滨士. 基于最优小波包 Shannon 熵的再制造电机转子缺陷诊断技术[J]. 机械工程学报, 2016, 52(4): 7-12.

[18] 李天伟, 贾传荧, 韩云东. 改进小波包分析在雷达图像消噪中的应用[J]. 计算机测量与控制, 2006, 14(12): 1667-1669.

[19] 王萍. 基于改进的小波阈值去噪及其在齿轮故障诊断中的应用[D]. 南京: 南京邮电大学, 2015.

[20] 阳能军, 雷涛, 龙宪海, 等. 基于小波分解的几种声发射源定位方法的研究探讨[C]. 全国振动工程及应用学术会议暨第十一届全国设备故障诊断学术会议, 西宁, 2008: 75-77.

第5章 焊接裂纹声发射信号到达时间识别

声发射信号到达时间的准确识别是影响焊接裂纹定位精度的关键因素之一。本章针对声发射信号到达时间识别的问题，介绍几种常用的声发射信号到达时间识别方法，并提出一种基于降噪处理的自回归模型-赤池信息量准则（AR-AIC）方法，实现焊接过程复杂噪声背景下微弱声发射信号到达时间的准确识别。结合铝合金平板结构焊缝处断铅声发射信号采集实验，以理论计算值为标准，对比几种声发射信号到达时间识别方法的计算精度，并对基于降噪处理的 AR-AIC 方法识别铝合金平板结构焊接裂纹声发射信号的有效性进行验证。

5.1 声发射信号到达时间识别方法

声发射源发出的弹性波在介质中传播到达传感器表面，传感器初次接收到声发射信号的时间称为声发射信号到达时间[1-3]。目前，最常用的获取声发射信号到达时间的方法有固定阈值法、互相关分析法等[4-8]。下面介绍这两种常用的声发射信号到达时间识别方法的基本理论。

5.1.1 固定阈值法

采用固定阈值法识别声发射信号到达时间的基本原理如图 5.1 所示。固定阈值法识别的声发射信号到达时间为声发射信号第一次超过预先设定阈值的时刻。图 5.1 显示，对于相同波长的弹性波，声发射信号到达时间随振幅大小的不同而不同。如图 5.2 所示，当信号的信噪比较低时，无法保证采用固定阈值法识别信号到达时间的精度，阈值设置稍有偏差，就会造成很大的误差。

声发射信号在金属材料中的传播速度一般大于 5000m/s，当采用固定阈值法识别声发射信号到达时间产生较大的误差时，会导致不可忽略的声发射源定位误差[9]。

5.1.2 互相关分析法

互相关分析法是描述两个信号在时域上相似性的基本方法，描述了两个时间序列在任意不同时刻取值之间的相关程度[10]。由于来自同一声发射源的信号之间存在一定的相关性，通过计算不同传感器所接收同一声发射源的信号之间的相关函数，可以估算出这一信号源到达不同传感器的时差。Grabec 等[11]给出了互相关

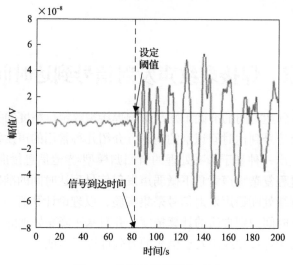

图 5.1　声发射信号到达时间

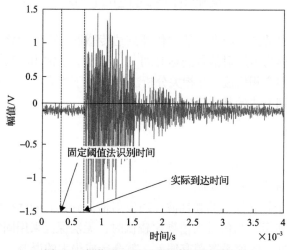

图 5.2　低信噪比时固定阈值法识别结果

分析法在确定声发射信号到达不同传感器的时差的应用。

　　假设两个处在不同位置的声发射传感器检测到同一声发射源发出的信号分别为 $x_1(n)$ 和 $x_2(n)$，则 $x_1(n)$ 和 $x_2(n)$ 可以分别表示为

$$x_1 = s(n - \tau_1) + n_1(n) \tag{5.1}$$

$$x_2 = s(n - \tau_2) + n_2(n) \tag{5.2}$$

式中，$s(n)$ 为声发射源信号；$n_1(n)$ 和 $n_2(n)$ 为噪声信号。

　　由互相关分析法的定义可知，$x_1(n)$ 和 $x_2(n)$ 互相关分析的数学表达式如下：

$$R_{12}(\tau) = E\left[x_1(n)x_2(n-\tau)\right] \tag{5.3}$$

式中，E 为期望函数。

将式(5.1)和式(5.2)代入式(5.3)可得

$$R_{12}(\tau) = E\left\{\left[s(n-\tau_1)+n_1(n)\right]\left[s(n-\tau_2-\tau)+n_2(n-\tau)\right]\right\} \tag{5.4}$$

假设 $s(n)$、$x_1(n)$ 和 $x_2(n)$ 不相关，则式(5.4)可表示为

$$R_{12}(\tau) = E\left[s(n-\tau_1)s(n-\tau_2-\tau)\right] = R_s\left[\tau-(\tau_1-\tau_2)\right] \tag{5.5}$$

由互相关函数的性质可知，当 $\tau-(\tau_1-\tau_2)=0$ 时，$R_{12}(\tau)$ 取得最大值，此时 τ 为两个传感器检测到的信号的时差[12]。

在以上推导中，声发射信号与噪声之间，以及噪声与噪声之间被默认为没有相关性，等式中的信号也默认为无限长的序列。但是，在实际声发射信号检测中，不可能采集到无限长的声发射信号序列，也无法保证声发射信号与噪声之间，以及噪声与噪声之间完全没有相关性。这两点会使得由互相关函数计算得来的时差有一定误差，从而影响声发射源的定位精度。

5.2　基于 AR 模型的 AIC 方法

5.2.1　AR-AIC 方法基本理论

Akaike[13]于 1974 年从信息论的角度出发提出了赤池信息量准则(AIC)，并成功应用于 AR 模型的定阶和选择中，该方法称为 AR-AIC 方法。AIC 是指一个时间序列能够分成两个局部稳定的时段，每一个时段都可以用 AR 模型来拟合。定义 AIC 的方程如下[14]：

$$\text{AIC} = -2\ln L + \ln k \tag{5.6}$$

式中，k 为模型的参数数量；L 为似然函数。

假设实验数据的时间序列 $x_n = \{x_1, x_2, \cdots, x_n\}$ 包含声发射信号到达时间，根据 AIC 可知，该时间序列可分为声发射信号到达前和声发射信号到达后两个局部稳定的时段，两个时段的分割点即声发射信号到达时刻。将每一个时段 $i(i=1,2)$ 的数据 x_t 用 AR 模型表示：

$$x_t = \sum_{m=1}^{M} a_m^i x_{t-m} + e_t^i \tag{5.7}$$

式中，$a_m^i(m=1,2,\cdots,M)$ 为 AR 模型的系数，i 仅代表所在的时段；M 为噪声

和声发射信号 AR 模型的阶数。该模型将时间序列 x_n 在模型窗内分为确定部分
$\sum_{m=1}^{M} a_m^i x_{t-m}$ 和不确定部分 e_t^i。若不确定部分服从高斯分布，则其均值 $E\left(e_t^i\right)=0$，方
差 $E\left[\left(e_t^i\right)^2\right]=\sigma_i^2$，且与时间序列确定部分不相关，$E\left(e_t^i x_{t-m}^i\right)=0$。

　　声发射信号波形如图 5.3 所示，可见 K 为噪声窗口和信号窗口的分割点。根
据式 (5.7) 使用 AR 模型的系数 a_m^i 提取时间序列 $[M+1,K]$ 和 $[K+1,n-M]$ 中的不
确定部分 e_t^i，假设不确定部分服从高斯分布，则这两个时段误差的似然函数可用
式 (5.8) 表示[15]：

$$L\left(x;K,M,\Theta_i\right)=\prod_{i=1}^{2}\left(\frac{1}{\sigma_i^2 2\pi}\right)^{\frac{n_i}{2}}\times \exp\left[-\frac{1}{2\sigma_i^2}\sum_{j=p_i}^{q_i}\left(x_j-\sum_{m=1}^{M}a_m^i x_{j-m}\right)^2\right] \tag{5.8}$$

式中，$\Theta_i=\Theta(\alpha_1^i,\alpha_2^i,\cdots,\alpha_M^i,\sigma_i^2)$ 为模型参数（σ_i^2 取决于 K）；$p_1=M+1$，$p_2=$
$K+1$，$q_1=K$，$q_2=n-M$；$n_1=K-M$，$n_2=n-M-K$。

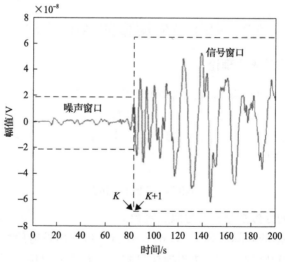

图 5.3　声发射信号波形

对式 (5.8) 取对数并对 Θ_i 求偏导数，寻找模型参数的最大似然估计，可得

$$\frac{\partial \ln L\left(x;K,M,\Theta_i\right)}{\partial \Theta_i}=0 \tag{5.9}$$

求解可得噪声与声发射信号 AR 模型预测误差的方差为

$$\sigma_i^2 = \frac{1}{n_i} \sum_{j=p_i}^{n_i} \left(x_j - \sum_{m=1}^{M} a_m^i x_j - m \right)^2 \tag{5.10}$$

将两个模型的对数似然函数的最大值作为 K 的函数，可得

$$\ln L\left(x; K, M, \Theta_1, \Theta_2\right) = -\frac{K-M}{2} \ln\left(\sigma_1^2\right) - \frac{n-M-K}{2} \ln\left(\sigma_2^2\right) + M \tag{5.11}$$

结合式(5.7)和式(5.11)可得

$$\text{AIC}(K) = (K-M)\ln\left(\sigma_1^2\right) + (n-M-K)\ln\left(\sigma_2^2\right) + C \tag{5.12}$$

式中，$C = (2M-N)\ln(2\pi+1)$，C 为常数，当 n 较大时，C 可以忽略。

当 K 为噪声窗口和信号窗口的分割点时，时间序列 $[M+1, K]$ 全部为噪声数据，$[K+1, n-M]$ 全部为声发射信号数据。此时，噪声 AR 模型和声发射信号 AR 模型能分别对其进行最佳模拟，使得预测误差的方差均取得最小值，从而使得 $\text{AIC}(K)$ 值最小。因此，$\text{AIC}(K)$ 取得最小值时所对应的时间点是噪声窗口和信号窗口的最佳分割点，该点即声发射信号到达时刻。由于实验获取的声发射数据量巨大，为了提高计算效率，需要在声发射信号到达时刻附近提供合适的包含声发射信号到达时间的时间窗口。

选取合适的包含声发射信号到达时间的时间窗口，采用声发射信号振幅平均值 m 和标准差 σ，将 $m \pm 3\sigma$ 作为剔除背景噪声的阈值，在阈值的基础上向前和向后选择合适的包含声发射信号到达时间的时间段作为时间窗口[16]。在时间窗口确定后，通过计算式(5.13)中 AIC 的全局最小值准确识别声发射信号到达时刻[17]：

$$\text{AIC}(K_0) = K_0 \times \ln\left\{\text{var}\left[x\left(1, K_0\right)\right]\right\} + (n-K_0-1) \times \ln\left\{\text{var}\left[x\left(K_0+1, n\right)\right]\right\} \tag{5.13}$$

式中，K_0 取值为 $1, 2, \cdots, n$；$\text{var}\left[x\left(1, K_0\right)\right]$ 为 $x_1, x_2, \cdots, x_{K_0}$ 时间序列的方差；$\text{var}\left[x\left(K_0+1, n\right)\right]$ 为 $x_{K_0+1}, x_{K_0+2}, \cdots, x_n$ 时间序列的方差。

图 5.4 为 AR-AIC 方法识别结果。图中，黑色方形所对应的时刻为 AIC 最小值点，即声发射信号到达时刻，竖虚线为噪声窗口和信号窗口的分割线。

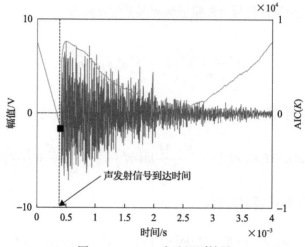

图 5.4　AR-AIC 方法识别结果

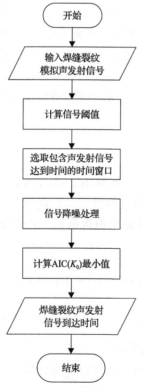

图 5.5　基于降噪处理的 AR-AIC
方法基本流程图

5.2.2　基于降噪处理的 AR-AIC 方法

传感器采集到的铝合金平板结构焊接裂纹声发射信号呈现出复杂噪声背景下信号特征微弱的特点,可结合降噪方法和 AR-AIC 方法,实现对其到达时间的自动识别。

首先,在铝合金平板结构焊缝处进行断铅声发射信号测试,获取焊接裂纹模拟声发射信号;然后,计算剔除背景噪声的阈值,在阈值的基础上选取包含声发射信号到达时间的时间窗口;最后,采用降噪方法对时间窗口内的信号进行降噪处理,结合降噪后的信号,根据式(5.13)计算出 $AIC(K_0)$ 取得全局最小值所对应的时刻,即声发射信号到达时刻。

采用基于降噪处理的 AR-AIC 方法实现铝合金平板结构焊接裂纹声发射信号到达时间自动识别的基本流程如图 5.5 所示。

5.3　焊接裂纹声发射信号到达时间识别方法

5.3.1　铝合金平板结构焊接裂纹声发射信号采集实验

采用 Φ0.5mm 的 HB 铅芯在 2024 铝合金平板焊缝上进行断铅实验,模拟平板结构焊接裂纹声发射信号,为研究焊接裂纹声发射信号到达时间的识别方法提供数据。

铝合金平板结构的基本尺寸为 270mm×200mm×5mm,铅芯伸长量为 2.5mm,与焊件表面成 30°夹角进行折断。图 5.6 为断铅声发射信号采集流程图,声发射信号采集系统及参数设置与第 4 章相同。

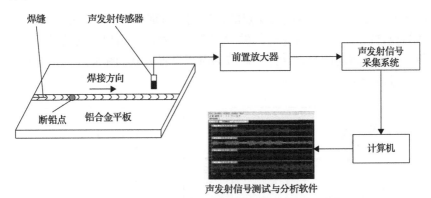

图 5.6　断铅声发射信号采集流程图

传感器及断铅点位置示意图如图 5.7 所示。传感器和焊件之间涂有真空油脂,目的是减少声发射信号在传感器和焊件界面处的过度散射与衰减。

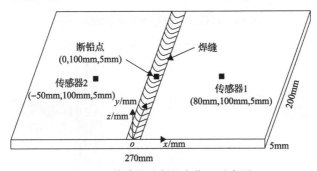

图 5.7　传感器及断铅点位置示意图

图 5.8 为断铅过程中传感器采集到的信号波形图。本节在信号阈值的基础上,从传感器采集到的信号中选择包含声发射信号到达时间的时间窗口,将时间窗口内的数据作为待分析的断铅声发射信号。

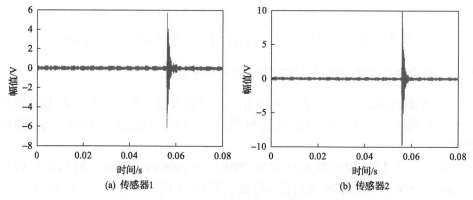

图 5.8　断铅过程中传感器采集到的信号波形图

　　图 5.9 为阈值线与信号波形交点的识别图。选取图 5.9 中 0.054~0.056s 的时间段作为包含声发射信号到达时间的时间窗口，对时间窗口内的信号进行分析，为了便于分析，将时间窗口起点所对应的时刻设置为 0。图 5.10 为待分析的断铅声发射信号波形图。

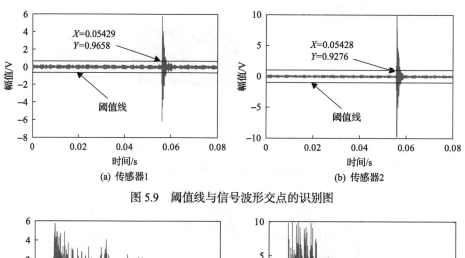

图 5.9　阈值线与信号波形交点的识别图

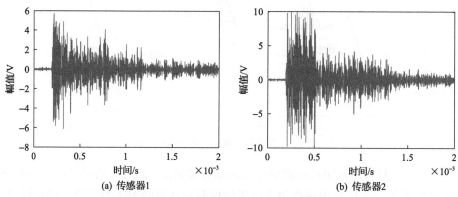

图 5.10　待分析的断铅声发射信号波形图

采用基于 EMD 和小波包的降噪方法对待分析的断铅声发射信号进行降噪处理。图 5.11 为降噪后的断铅声发射信号波形图。

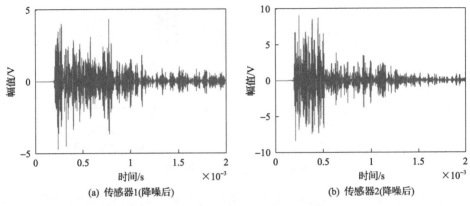

(a) 传感器1(降噪后)　　　　　　　(b) 传感器2(降噪后)

图 5.11　降噪后的断铅声发射信号波形图

5.3.2　焊接裂纹声发射信号到达时间识别分析

本节采用不同的声发射信号到达时间的识别方法，对焊接裂纹模拟声发射信号到达各传感器的时间进行识别，对比其识别精度，验证基于降噪处理的 AR-AIC 方法的有效性。

1. 固定阈值法

根据 5.3.1 节所获取的实验数据，采用固定阈值法识别降噪前后传感器采集到的断铅声发射信号到达时间，识别结果如图 5.12 所示。

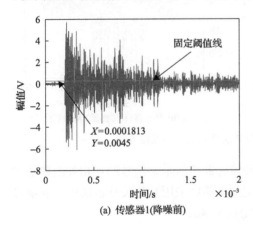
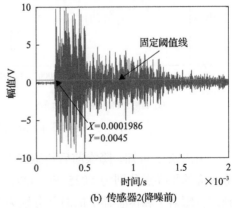

(a) 传感器1(降噪前)　　　　　　　(b) 传感器2(降噪前)

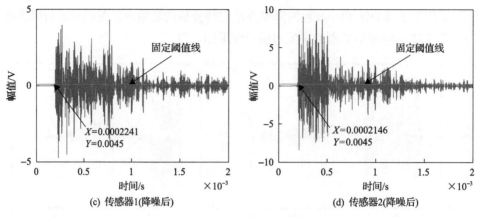

(c) 传感器1(降噪后)　　　　　(d) 传感器2(降噪后)

图 5.12　固定阈值法识别结果

由图 5.12 可知，降噪前采用固定阈值法识别的信号到达传感器 1 和传感器 2 的时差为 17.3μs。降噪后采用固定阈值法识别的信号到达传感器 1 和传感器 2 的时差为 9.5μs。

2. 互相关分析法

根据 5.3.1 节所获取的实验数据，将降噪前后传感器采集到的断铅声发射信号进行互相关分析，得到如图 5.13 所示的互相关图。

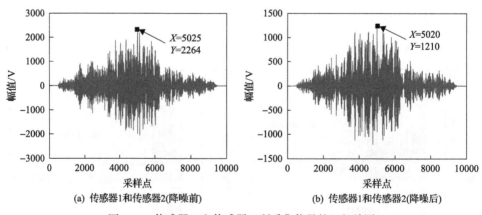

(a) 传感器1和传感器2(降噪前)　　　　　(b) 传感器1和传感器2(降噪后)

图 5.13　传感器 1 和传感器 2 所采集信号的互相关图

由图 5.13 可知，降噪前后传感器 1 和传感器 2 所采集信号的互相关函数最大值对应的采样点分别为 5025 和 5020，则降噪前后采用互相关分析法识别的信号到达传感器 1 和传感器 2 的时差分别为 10μs 和 8μs。

3. AR-AIC 方法

采用 AR-AIC 方法识别降噪前后断铅声发射信号到达时间的结果如图 5.14 所示。可知，降噪前采用 AR-AIC 方法识别信号到达传感器 1 和传感器 2 的时差为 8.3μs，降噪后采用 AR-AIC 方法识别信号到达传感器 1 和传感器 2 的时差为 6.8μs。

由于两传感器之间的距离为 30mm，假定声发射信号在铝合金平板中的传播速度为 6000m/s，则理论上声发射信号到达传感器 1 与传感器 2 的时差为 5μs。如表 5.1 所示，以两传感器之间时差的理论计算值为标准，对比降噪前后采用不同方法识别的信号到达两传感器的时差与理论计算值之间的偏差。

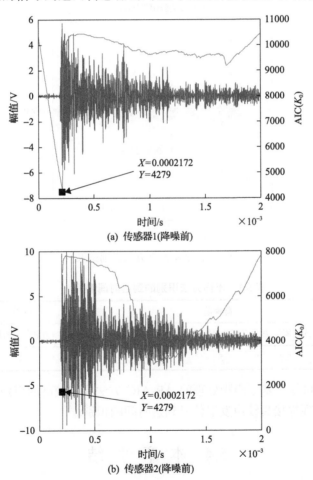

(a) 传感器1(降噪前)

(b) 传感器2(降噪前)

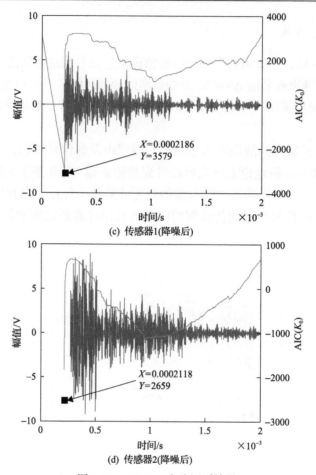

(c) 传感器1(降噪后)

(d) 传感器2(降噪后)

图 5.14　AR-AIC 方法识别结果

表 5.1　不同方法识别的到达时间偏差　　　　　　（单位：μs）

方法	降噪前			降噪后		
	固定阈值法	互相关分析法	AR-AIC 方法	固定阈值法	互相关分析法	AR-AIC 方法
到达时间偏差	12.3	5	3.3	4.5	3	1.8

由表 5.1 可知，基于降噪处理的 AR-AIC 方法具有较高的识别精度，因此可利用该算法实现焊接裂纹声发射信号到达时间的识别。

5.4　本 章 小 结

本章介绍了几种常用的声发射信号到达时间识别方法，并针对复杂噪声背景下的微弱声发射信号，重点介绍了基于降噪处理的 AR-AIC 方法，该方法首先对原始焊接裂纹声发射信号进行降噪处理；然后结合信号和噪声的 AR 模型，利用 AIC 方法自动识别焊接裂纹声发射信号到达传感器的时间。结合铝合金平板结构焊缝处断铅声发射信号采集实验，采用不同方法对焊接裂纹声发射信号到达时间进行识别，结果表明，基于降噪处理的 AR-AIC 方法能够较好地实现铝合金平板结构焊接裂纹声发射信号到达时间的识别，与其他几种传统识别方法相比，具有更好的可读性，识别精度更高。

参 考 文 献

[1] 王晓伟, 刘占生, 窦唯. 基于 AR 模型的声发射信号到达时间自动识别[J]. 振动与冲击, 2009, 28(11): 79-83, 204.

[2] 刘湘楠. 铝合金平板结构焊缝裂纹声发射检测方法研究[D]. 湘潭: 湖南科技大学, 2017.

[3] 李震. 基于地压监测的声发射信号处理及定位方法应用研究[D]. 昆明: 昆明理工大学, 2019.

[4] 苏冰, 王超, 刘岩. 基于固定阈值法的声纳信号检测性能研究[J]. 数字技术与应用, 2012, (9): 85-86.

[5] Li X, Li X J, Wang G B. De-noising method of acoustic emission signal for rolling bearing based on adaptive wavelet correlation analysis[J]. Applied Mechanics and Materials, 2013, 273: 188-192.

[6] Menon S, Schoess J N, Hamza R, et al. Wavelet-based acoustic emission detection method with adaptive thresholding[C]. SPIE's 7th International Symposium on Smart Structures and Materials, Newport Beach, 2000: 71-77.

[7] 康玉梅, 朱万成, 陈耕野, 等. 基于小波变换的岩石声发射信号互相关分析及时延估计[J]. 岩土力学, 2011, 32(7): 2079-2084.

[8] 褚丽娜. 基于小波包变换的复合材料声发射信号互相关分析和时延估计[J]. 自动化与仪器仪表, 2014, (10): 124-125, 128.

[9] Stepanova L N, Ramazanov I S, Kanifadin K V. Estimation of time-of-arrival errors of acoustic-emission signals by the threshold method[J]. Russian Journal of Nondestructive Testing, 2009, 45(4): 273-279.

[10] 崔玮玮, 曹志刚, 魏建强. 声源定位中的时延估计技术[J]. 数据采集与处理, 2007, 22(1): 90-99.

[11] Grabec I, Sachse W. Experimental characterization of ultrasonic phenomena by a neural-like learning system[J]. Journal of Applied Physics, 1989, 66(1): 3993-4000.

[12] Chen L, Liu Y C, Kong F C, et al. Acoustic source localization based on generalized cross-correlation time-delay estimation[J]. Procedia Engineering, 2011, 15: 4912-4919.

[13] Akaike H. Markovian representation of stochastic processes and its application to the analysis of autoregressive moving average processes[J]. Annals of the Institute of Statistical Mathematics, 1974, 26(1): 363-387.

[14] Akaike H. Information Theory and an Extension of the Maximum Likelihood Principle[M]. New York: Springer, 1998.

[15] Carpinteri A, Xu J, Lacidogna G, et al. Reliable onset time determination and source location of acoustic emissions in concrete structures[J]. Cement and Concrete Composites, 2004, 34(4): 529-537.

[16] Maji A, Shah S P. Process zone and acoustic-emission measurements in concrete[J]. Experimental Mechanics, 1988, 28(1): 27-33.

[17] Zhang H. Automatic P-wave arrival detection and picking with multiscale wavelet analysis for single-component recordings[J]. Bulletin of the Seismological Society of America, 2003, 93(5): 1904-1912.

第6章　焊接裂纹声发射源定位

针对声发射源准确定位的问题，本章介绍声发射源时差定位原理，以及声发射源时差定位中常用的最小二乘定位算法、单纯形迭代定位算法的基本理论与方法。针对初始值的选取影响单纯形迭代定位算法的迭代速度和定位精度的问题，介绍一种基于最小二乘法的单纯形迭代定位算法，并结合铝合金平板焊缝处断铅声发射信号测试实验，分别采用最小二乘定位算法、单纯形迭代定位算法和基于最小二乘法的单纯形迭代定位算法对采集到的声发射源信号进行定位分析，比较各种算法的定位精度。

6.1　声发射源时差定位原理

声发射源的准确定位是实现结构裂纹声发射信号在线检测的关键[1-3]。在声发射源时差定位原理中指出，最大限度地降低漏定位和伪定位有助于进一步对材料或结构损伤进行评估[4,5]。常用的声发射源定位算法主要分为时差定位算法和区域定位算法[6,7]。裂纹所产生的声发射信号是典型的突发型声发射信号，因此通常采用时差定位算法确定声发射源位置。时差定位算法是根据同一声发射源所产生的声发射信号到达各传感器的时差，经传播速度、传感器间距等参数的测量和算法运算，确定声发射源的精确位置，是一种精确而复杂的定位算法[8]。声发射源时差定位算法中常用的算法有最小二乘定位算法[9,10]和单纯形迭代定位算法[11,12]。

对于三维结构，声发射源时差定位原理可表述如下：建立一个三维坐标系，有 4 个传感器 A、B、C、D，以传感器 A 为标准，测量其他 3 个传感器与基准信号之间的时差。为了简化计算，假设声发射信号在该三维空间的传播速度已知且为恒定的常数，根据声发射信号到达各传感器的时差，结合空间的几何分布关系，可以列方程得出声发射源到各个传感器的距离差，进而计算出声发射源的相对空间坐标。三维坐标系中的传感器和声发射源位置如图 6.1 所示。

假定 4 个传感器位于同一个平面内（z 轴坐标均为 0），设 4 个传感器的位置分别为 $A(0,0,0)$、$B(x_1,y_1,z_1)$、$C(x_2,y_2,z_2)$、$D(x_3,y_3,z_3)$，声发射源的位置为 $S(x,y,z)$，则可列出距离差为

$$\begin{cases} |SB| - |SA| = d_{01} \\ |SC| - |SA| = d_{02} \\ |SD| - |SA| = d_{03} \end{cases} \qquad (6.1)$$

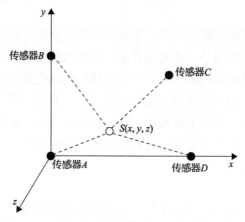

图 6.1　三维坐标系中的传感器和声发射源位置

于是得到

$$\begin{cases} \sqrt{(x-x_1)^2 + (y-y_1)^2 + (z-z_1)^2} - \sqrt{x^2 + y^2 + z^2} = d_{01} \\ \sqrt{(x-x_2)^2 + (y-y_2)^2 + (z-z_2)^2} - \sqrt{x^2 + y^2 + z^2} = d_{02} \\ \sqrt{(x-x_3)^2 + (y-y_3)^2 + (z-z_3)^2} - \sqrt{x^2 + y^2 + z^2} = d_{03} \end{cases} \qquad (6.2)$$

令

$$\begin{cases} x_1^2 + y_1^2 + z_1^2 - d_{01}^2 = 2d_1 \\ x_2^2 + y_2^2 + z_2^2 - d_{02}^2 = 2d_2 \\ x_3^2 + y_3^2 + z_3^2 - d_{03}^2 = 2d_3 \end{cases} \qquad (6.3)$$

结合式(6.2)与式(6.3)可得一组独立的方程组：

$$\begin{cases} \dfrac{x_1 x + y_1 y + z_1 z - d_1}{x_2 x + y_2 y + z_2 z - d_2} = c_{12} \\[3mm] \dfrac{x_1 x + y_1 y + z_1 z - d_1}{x_3 x + y_3 y + z_3 z - d_3} = c_{13} \end{cases} \qquad (6.4)$$

化简并代入已知初始条件：$z_1 = z_2 = z_3 = 0$，有

$$\begin{cases} x = \dfrac{(d_1 - c_{12}d_2)(y_1 - c_{13}y_3) - (d_1 - c_{13}d_3)(y_1 - c_{12}y_2)}{(x_1 - c_{12}x_2)(y_1 - c_{13}y_3) - (x_1 - c_{13}x_3)(y_1 - c_{12}y_2)} \\[3mm] y = \dfrac{(d_1 - c_{12}d_2)(x_1 - c_{13}x_3) - (d_1 - c_{13}d_3)(x_1 - c_{12}x_2)}{(y_1 - c_{12}y_2)(x_1 - c_{13}x_3) - (y_1 - c_{13}y_3)(x_1 - c_{12}x_2)} \\[3mm] z = \sqrt{\left[\dfrac{d_1 - (x_1 x + y_1 y)}{d_{01}}\right]^2 + \left(x^2 + y^2\right)} \end{cases} \quad (6.5)$$

由式(6.5)可得到两个解，它们在 z 方向坐标为相反数，可根据实际情况取其中一个正确解。虽然式(6.5)从空间解析几何关系可以获得推导，但工程应用中存在的各种干扰会使得时延估计存在偏差，因此由式(6.5)往往无法实现声发射源的精确定位。

上述介绍的定位算法需要布置 4 个声发射传感器来完成算法的实现，而且在解方程的过程中会出现错误解，在工程应用中往往需要布置 7 个或 8 个声发射传感器来获取正确的解。因此，声发射源定位可以根据传感器个数选择不同的算法和程序。

6.2　声发射源定位算法

6.2.1　最小二乘定位算法

根据传感器的位置、声发射源的位置以及检测到的声发射信号，有

$$\sqrt{(x - x_i)^2 + (y - y_i)^2 + (z - z_i)^2} = v(t_i - t_0) \quad (6.6)$$

式中，(x_i, y_i, z_i) 为第 i 个传感器的空间坐标；(x, y, z) 为声发射源的位置；t_i 为第 i 个传感器检测到的声发射信号到达该传感器的时间；v 为纵向传播速度；t_0 为声发射源开始传播弹性波的时刻。参数 x、y、z 和 t_0 均为未知数。

对于 N 个传感器可以建立 N 个非线性方程，则式(6.6)可表示为

$$(x_i - x)^2 + (y_i - y)^2 + (z_i - z)^2 = v^2(t_i - t_0), \quad i = 1, 2, \cdots, N \quad (6.7)$$

由声发射定位原理可知，三维平面声发射源定位理论上只需要 4 $(N=4)$ 个传感器就可以求出声发射源的位置坐标，但是当 $N \geqslant 5$ 时，可以减小干扰误差，计算出的声发射源位置坐标更加精确，本章假设有 6 个传感器接收到有效信号，即 $N=6$，有

$$\begin{cases} (x-x_1)^2 + (y-y_1)^2 + (z-z_1)^2 = v^2(t_1-t_0)^2 \\ (x-x_2)^2 + (y-y_2)^2 + (z-z_2)^2 = v^2(t_2-t_0)^2 \\ (x-x_3)^2 + (y-y_3)^2 + (z-z_3)^2 = v^2(t_3-t_0)^2 \\ (x-x_4)^2 + (y-y_4)^2 + (z-z_4)^2 = v^2(t_4-t_0)^2 \\ (x-x_5)^2 + (y-y_5)^2 + (z-z_5)^2 = v^2(t_5-t_0)^2 \\ (x-x_6)^2 + (y-y_6)^2 + (z-z_6)^2 = v^2(t_6-t_0)^2 \end{cases} \tag{6.8}$$

假定第一个传感器离声发射源最近，以第一个传感器为基准，将其他方程减去第一个方程可以得到关于 x、y、z、t_0 的超定方程组：

$$AX = B \tag{6.9}$$

式中，$A = \begin{bmatrix} a_1 & b_1 & c_1 & d_1 \\ a_2 & b_2 & c_2 & d_2 \\ a_3 & b_3 & c_3 & d_3 \\ a_4 & b_4 & c_4 & d_4 \\ a_5 & b_5 & c_5 & d_5 \end{bmatrix}$；$X = \begin{bmatrix} x \\ y \\ z \\ t_0 \end{bmatrix}$；$B = \begin{bmatrix} e_1 \\ e_2 \\ e_3 \\ e_4 \\ e_5 \end{bmatrix}$；$a_i$、$b_i$、$c_i$、$d_i$、$e_i$ 为求差后

超定方程组的系数，$i = 1, 2, \cdots, 5$。

最小二乘定位算法的思想就是求 X 使每个方程的偏差的平方和最小[13]，即使得目标函数

$$\sum_{i=1}^{5} \left(e_i - a_i x - b_i y - c_i z - d_i t_0 \right)^2 \tag{6.10}$$

达到最小。根据最小二乘定位算法，将求目标函数的最优解转换为求正则方程的解，即

$$A^{\mathrm{T}} A X = A^{\mathrm{T}} B \tag{6.11}$$

从而求得声发射源的坐标。

6.2.2　单纯形迭代定位算法

单纯形迭代定位算法是一种多胞形迭代定位算法，求解 n 维方程需要建立具有 $n+1$ 个不在同一超平面上顶点的单纯形，如三角形是求解二维方程的单纯形，四面体是求解三维方程的单纯形[14]。运用单纯形迭代定位算法对声发射源进行定位的基本原理如图 6.2 所示，图中 X^* 是所求的声发射源位置。

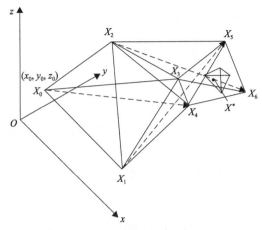

图 6.2　单纯形迭代定位算法基本原理

　　首先，选择单纯形迭代定位算法的初始值 $X_0(x_0, y_0, z_0)$，常用的选择方式有：①将几个传感器包围区域的中心点坐标作为初始值；②将离声发射源距离最近的传感器的坐标作为初始值；③预先设置一个初始值。然后，判断以 X_0 坐标计算的目标函数值(计算的声发射信号理论到达时间与实际检测的声发射信号到达时间之间的残差平方和)是否小于预设误差值，如果满足条件，则 X_0 点坐标即声发射源位置坐标；如果不满足条件，则需要根据预先设定的步长构建单纯形，得到另外 3 个点 (X_1, X_2, X_3)，判断这四个点的目标函数值的大小，找到最好点(目标函数值最小点)和最坏点(目标函数值最大点)。以最好点为基础构建新的单纯形，继续搜索新的更好点，如果搜索不到新的更好点，则减小步长，使单纯形缩小，从而"塌"向最小值，当单纯形上有一点的目标函数值满足误差要求后，搜索终止。

　　设迭代过程中声发射源的坐标为 (x_0', y_0', z_0')，结合声发射信号在介质中的传播速度 v 可以求出声发射源至各传感器的传播时间 t_{ci}：

$$t_{ci} = \frac{\sqrt{(x_i - x_0')^2 + (y_i - y_0')^2 + (z_i - z_0')^2}}{v} \tag{6.12}$$

各传感器对应的信号到达时间残差 ζ_i 可表示为

$$\zeta_i = t_i - t_{ci} - t_0 \tag{6.13}$$

　　设迭代过程中声发射的坐标为 (x_0', y_0', z_0')，根据目标函数的定义，可得目标函数的数学表达式为

$$\sum_{i=1}^{n} \zeta_i^2 = \sum_{i=1}^{n} (t_i - t_{ci} - t_0)^2 \tag{6.14}$$

　　迭代的最终目标即求解式(6.14)在定义域范围内满足误差要求的单纯形顶

点。将式(6.12)代入式(6.14)，可得传统单纯形迭代定位算法构建的目标函数如下：

$$\sum_{i=1}^{n} \zeta_i^2 = \sum_{i=1}^{n} \left[t_i - \frac{\sqrt{(x_i - x_0')^2 + (y_i - y_0')^2 + (z_i - z_0')^2}}{v} - t_0 \right]^2 \tag{6.15}$$

6.3　焊接裂纹声发射源定位分析

6.3.1　基于最小二乘法的单纯形迭代定位算法

声发射源迭代定位算法中的单纯形迭代定位算法需要人为设定初始值，而初始值的选取会影响迭代定位算法的定位精度和迭代速度。为了有效解决单纯形迭代定位算法的初始值问题，提高声发射源的定位精度，本节充分利用最小二乘定位算法的估算特性，提出一种基于最小二乘法的单纯形迭代定位算法(以下简称组合定位算法)，有效地解决单纯形迭代定位算法的初始值问题，提高声发射源的定位精度和算法的迭代速度。

组合定位算法的基本原理如下：首先，利用最小二乘定位算法确定声发射源的初次定位点；其次，将该点作为单纯形迭代定位算法的初始值 $X_0(x_0, y_0, z_0)$；最后，利用单纯形迭代定位算法实现声发射源的定位。因为最小二乘定位算法的计算结果已经进入单纯形迭代定位算法的收敛域范围，所以此时转而采用单纯形迭代定位算法进行计算能够提高算法的迭代速度，缩短求解时间。本节所采用的组合定位算法流程如图6.3所示。

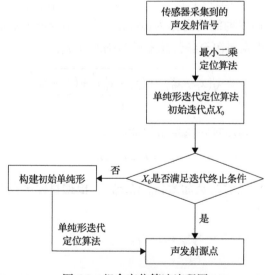

图 6.3　组合定位算法流程图

6.3.2　铝合金平板结构焊接裂纹声发射源定位分析

采用 $\Phi0.5$mm 的 HB 铅芯在 2024 铝合金平板结构焊缝上进行断铅实验,模拟焊接裂纹声发射信号,为研究焊接裂纹声发射源定位提供实验数据。选用铝合金平板的几何尺寸为 200mm×60mm×5mm。由于铝合金平板结构长度和宽度远大于其厚度,所以三维铝合金平板结构可以近似看作二维平面结构。铅芯伸长量为 2.5mm,与焊件表面成 30°夹角进行折断。表 6.1 为铝合金平板结构焊接裂纹声发射信号采集系统的参数设置。

表 6.1　铝合金平板结构焊接裂纹声发射信号采集系统参数设置

参数项	采样频率/kHz	采样长度	参数间隔/μs	波形门限/dB	闭锁时间/μs	软件闭锁时间/μs
参数值	1000	2000	1000	45	2000	1000

图 6.4 为声发射源定位实验断铅声发射信号采集结构示意图。采用北京声华兴业科技有限公司 SAEU2S 声发射信号采集系统采集断铅实验过程中的声发射信号,传感器型号为 SR150M,前置放大器型号为 PAI,传感器和焊件之间涂有真空油脂,以减少声发射信号在传感器和焊件界面处的过度散射与衰减。

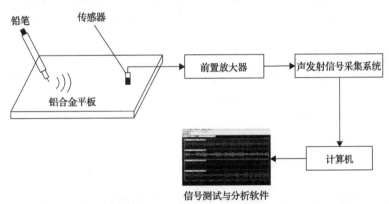

图 6.4　声发射源定位实验断铅声发射信号采集结构示意图

声发射源定位实验传感器及断铅点的位置示意图如图 6.5 所示,分别为 A(60mm, 45mm)、B(60mm, 20mm)、C(–60mm, 20mm)、D(–60mm, 45mm)、O(0, 25mm)。

由声发射源定位算法的基本理论可知,为了确定声发射源的位置,需要知道声发射信号到达各传感器的时间,以及声发射信号在介质中的传播速度。

1. 声发射信号到达时间拾取

图 6.6 为各传感器采集到的断铅声发射信号波形图。采用基于 EMD 和小波包

的降噪方法对各传感器采集到的断铅声发射信号进行降噪处理，降噪后的断铅声发射信号波形如图 6.7 所示。

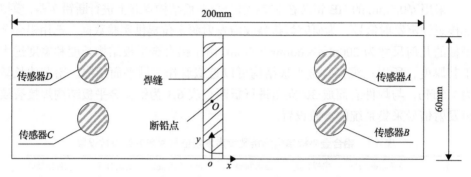

图 6.5　声发射源定位实验传感器及断铅点的位置示意图

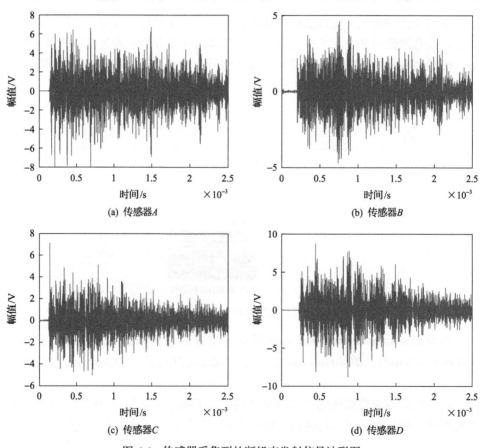

图 6.6　传感器采集到的断铅声发射信号波形图

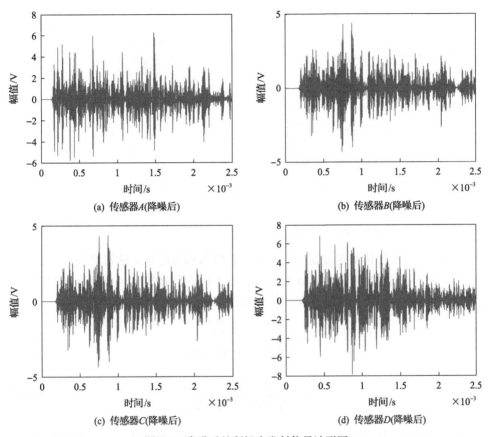

(a) 传感器A(降噪后)　　　　　　　(b) 传感器B(降噪后)

(c) 传感器C(降噪后)　　　　　　　(d) 传感器D(降噪后)

图 6.7　降噪后的断铅声发射信号波形图

应用第 5 章所提出的声发射信号到达时间的识别方法获取降噪后的断铅声发射信号到达各传感器的时间，识别结果如图 6.8 所示。

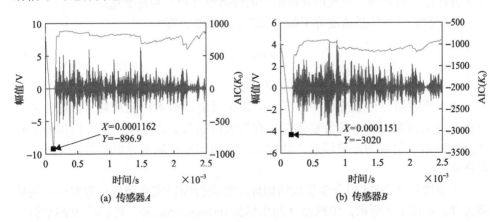

(a) 传感器A　　　　　　　　　　(b) 传感器B

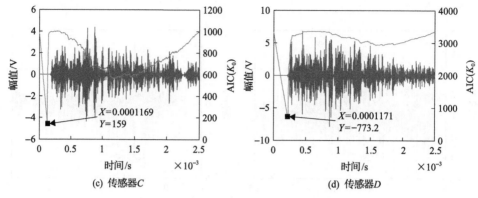

图 6.8　断铅声发射信号到达时间识别结果

2. 声发射信号传播速度测量

声发射信号的传播速度是与介质的弹性模量和密度有关的材料特性。在不同的材料中，声发射信号的传播速度不同，而不同的传播模式也具有不同的传播速度。在均匀介质中，纵向和横向的传播速度可分别表达为

$$v_1 = \sqrt{\frac{E}{\rho}\frac{1-\upsilon}{(1+\upsilon)(1-2\upsilon)}} \tag{6.16}$$

$$v_2 = \sqrt{\frac{E}{\rho}\frac{1}{2(1+\upsilon)}} = \sqrt{\frac{G}{\rho}} \tag{6.17}$$

式中，v_1 为纵向传播速度；v_2 为横向传播速度；υ 为泊松比；E 为弹性模量；G 为切变模量；ρ 为密度。

在实际结构中，传播速度还受到材料类型、各向异性、结构形状与尺寸、介质等各种因素的影响，因此声发射信号的传播速度是一种易变量。

声发射信号的传播速度等于频率和波长的乘积，即

$$v = \lambda \times f \tag{6.18}$$

式中，v 为声发射信号的传播速度；λ 为波长；f 为频率。

由于声发射信号在介质中传播时会发生反射、折射以及衰减，根据公式计算所获得的声发射信号的传播速度存在较大的误差。为了减小声发射信号的传播速度误差所引起的定位误差，通常采用断铅实验获取声发射信号在介质中的传播速度。

本节通过在 2024 铝合金平板结构焊缝处进行断铅实验测量声发射信号的传播速度。如图 6.9 所示，传感器 A 的坐标为 (60mm, 25mm)，传感器 B 的坐标为

(–55mm, 25mm)。为了准确地获取声发射信号的传播速度，在坐标(0, 25mm)处连续断铅 8 次，利用声发射信号采集系统采集断铅声发射信号。声发射信号采集系统的相关参数设置如表 6.1 所示，表 6.2 为声发射信号的传播速度测量结果。

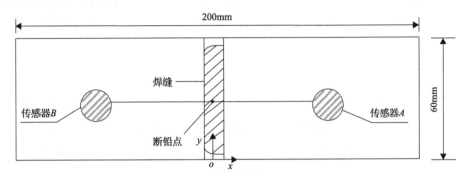

图 6.9　声发射源及传感器位置布置示意图

表 6.2　声发射信号的传播速度测量结果

断铅次数	声发射信号的传播速度/(m/s)	断铅次数	声发射信号的传播速度/(m/s)
1	6029.26	5	5860.97
2	5997.54	6	5994.38
3	5982.28	7	5989.56
4	6033.25	8	6023.64

由表 6.2 可知，实验测得的声发射信号传播速度存在差异，将所测得的最大声发射信号的传播速度(6033.25m/s)及最小声发射信号的传播速度(5860.97m/s)去掉，计算剩余声发射信号的传播速度的平均值，将该平均值作为断铅声发射信号在铝合金平板结构中的传播速度，通过实验可得声发射信号在铝合金平板结构中的传播速度为 6002.8m/s。因此，在声发射源定位分析中可将声发射信号的传播速度设置为 6000m/s。

3. 声发射源定位分析

根据声发射信号到达各传感器的时间及声发射信号的传播速度，结合式 (6.8) 计算可得断铅信号开始传播的时刻为 106.2μs。传感器 B 离断铅点距离最近，本章以传感器 B 为基准计算信号到达不同传感器的时差。表 6.3 为各传感器接收的声发射信号到达时差。

根据不同的时差定位算法，可以计算出不同的声发射源位置，如表 6.4 所示。由表 6.4 可知，单纯形迭代定位算法的定位精度高于最小二乘定位算法，组合定位算法的迭代次数明显减少，收敛速度更快，且定位精度更高，有效解决了迭代算法的初始值选取问题。可见，应用组合定位算法能够有效实现铝合金平板结构焊接裂纹声发射源的定位。

表 6.3　各传感器接收的声发射信号到达时差

传感器	实际检测到达时差/μs	理论计算到达时差/μs
A, B	1.1	0.5
B, B	0	0
C, B	1.8	0
D, B	2.1	0.5

表 6.4　不同定位算法的定位结果

定位算法	断铅点/mm	定位点/mm	迭代次数	绝对误差/mm
最小二乘定位算法	(0,25)	(5.6508,31.6992)	—	8.7642
单纯形迭代定位算法	(0,25)	(4.6698,30.5367)	8	7.2431
组合定位算法	(0,25)	(4.2028,29.7225)	4	6.3218

6.4　本　章　小　结

本章介绍了声发射源时差定位原理，以及声发射源时差定位算法中常用的最小二乘定位算法、单纯形迭代定位算法的基本理论与方法。针对初始值的选取影响单纯形迭代定位算法的迭代速度和定位精度的问题，重点介绍了一种基于最小二乘法的单纯形迭代定位算法。结合铝合金平板焊缝处断铅声发射测试实验，分别采用最小二乘定位算法、单纯形迭代定位算法以及基于最小二乘法的单纯形迭代定位算法对采集到的声发射源信号进行定位分析，比较其迭代次数及定位精度。结果表明，基于最小二乘法的单纯形迭代定位算法能够有效解决单纯形迭代定位算法中的初始值选取问题，同时提高了算法的定位精度，减少了迭代次数，为实现结构裂纹声发射源在线检测提供了方法与手段。

参 考 文 献

[1] Kaphle M, Tan A C C, Thambiratnam D P, et al. Identification of acoustic emission wave modes for accurate source location in plate-like structures[J]. Structural Control and Health Monitoring, 2012, 19(2): 187-198.

[2] 沈功田, 耿荣生, 刘时风. 声发射源定位技术[J]. 无损检测, 2002, 24(3): 114-117, 125.

[3] Mu W L, Zou Z X, Sun H L, et al. Research on the time difference of arrival location method of an acoustic emission source based on visible graph modelling[J]. Insight-Non-Destructive Testing and Condition Monitoring, 2018, 60(12): 697-701.

[4] 金钟山, 刘时风, 耿荣生, 等. 曲面和三维结构的声发射源定位方法[J]. 无损检测, 2002, 24(5): 205-211.

[5] 沈功田, 耿荣生, 刘时风. 连续声发射信号的源定位技术[J]. 无损检测, 2002, 24(4): 164-167.

[6] 周洁. 裂纹声发射源定位研究及发展趋势预估初探[D]. 南宁: 广西大学, 2006.

[7] Yang K, An J P, Bu X Y, et al. Constrained total least-squares location algorithm using time-difference-of-arrival measurements[J]. IEEE Transactions on Vehicular Technology, 2010, 59(3): 1558-1562.

[8] 王鼎, 张莉, 吴瑛. 基于角度信息的结构总体最小二乘无源定位算法[J]. 中国科学(信息科学), 2009, 39(6): 663-672.

[9] 韩宽襟, 冯云田, 高焕文. 一类线性规划问题的快速解法: 迭代单纯形算法[J]. 系统工程, 1993, 11(3): 25-29.

[10] Miao C Y, Dai G Y, Mao K J, et al. RI-MDS: Multidimensional scaling iterative localization algorithm using RSSI in wireless sensor networks[J]. International Journal of Distributed Sensor Networks, 2015, 11(11): 687258.

[11] Wolberg J. Data Analysis Using the Method of Least Squares[M]. Berlin: Springer, 2006.

[12] Nelder J A, Mead R. A simplex method for function minimization[J]. The Computer Journal, 1965, 7(4): 308-313.

[13] 王福昌, 曹慧荣, 朱红霞. 经典最小二乘与全最小二乘法及其参数估计[J]. 统计与决策, 2009, (1): 16-17.

[14] 李响, 刘玲群, 郭志忠. 抗差最小二乘法状态估计[J]. 继电器, 2003, 31(7): 50-53.

第7章 焊接裂纹类型识别

焊接裂纹类型的准确识别，是实现焊接结构质量检测的重要内容。借助矩张量理论在结构声发射检测技术中的应用，本章介绍一种基于矩张量反演方法的平板结构焊接裂纹类型识别方法。通过设计铝合金平板结构焊缝拉伸裂纹和剪切裂纹声发射信号测试实验，将矩张量反演方法应用于铝合金平板结构焊缝拉伸裂纹和剪切裂纹声发射信号的识别分析，验证该方法在平板结构焊接裂纹类型识别的有效性。

7.1 矩张量反演基本理论

矩张量是焊接裂纹激励源等效力的概念，采用矩张量可以对焊接裂纹激励源进行描述[1,2]。在地震学中，通常采用矩张量反演方法来识别震源破裂类型。铝合金平板结构焊接裂纹扩展产生的声发射弹性波和地震中断层运动产生的地震波具有一定的相似性[3-5]，地震学中一些成熟的矩张量应用理论可以被借鉴到铝合金平板结构焊接裂纹类型识别中。因此，本章将矩张量反演方法应用于铝合金平板结构焊接裂纹声发射信号的裂纹类型识别[6,7]。

7.1.1 弹性波动理论

在数学上，一个裂纹可以以裂纹表面 F 上裂纹的运动向量 u_0 和单位法向量 n 创建一个数学模型。如图 7.1 所示，声发射传感器在点 x 处检测到的由动态向量 u_0 产生的弹性波即声发射信号。

线弹性力学是弹性波传播的理论基础[8-10]。假设弹性体内任意一点的位移分量可用 u、v、w 表示，则该点的加速度分别为 $\frac{\partial^2 u}{\partial t^2}$、$\frac{\partial^2 v}{\partial t^2}$、$\frac{\partial^2 w}{\partial t^2}$，根据达朗贝尔原理，忽略体力，可以得到直角坐标系下三维弹性波动方程的数学表达式为

$$\mu u_{i,jj}(x,t) + (\iota + \mu)u_{j,ji}(x,t) = \rho \frac{\partial^2 u_i(x,t)}{\partial t^2} \tag{7.1}$$

式中，$u_i(x,t)$ 为 t 时刻 x 点处的位移；ι 和 μ 为兰姆（Lamb）常数。

Breckenridge 等[11]的研究表明，当焊接裂纹激励源可表示为点源时，弹性体内部裂纹激励源的输出波形与式(7.1)的兰姆解估计的表面波形完全一致。若将

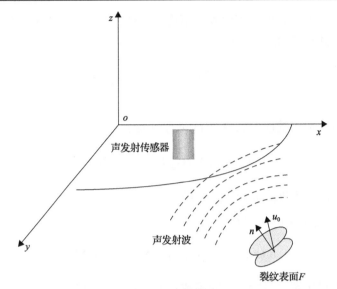

图 7.1　裂纹模型

兰姆解作为格林函数，则弹性波动方程中弹性波的位移 $u_i(x,t)$ 可表示为

$$u_i(x,t) = \int_S \left[G_{ik}(x,y,t) * t_k(y,t) - T_{ik}(x,y,t) * u_k(y,t) \right] \mathrm{d}S \tag{7.2}$$

式中，$G_{ik}(x,y,t)$ 为格林函数的偏导数；*为卷积积分；t_k 和 u_k 分别为应力矢量和位移矢量；$T_{ik}(x,y,t)$ 为由格林函数给出的应力矢量。

假设整个区域 D 由边界 S 以及内部假想的两个裂纹面 F^+、F^- 构成，此时，包含整个区域 D 的积分可表示为

$$u_i(x,t) = \int_S \left(G_{ik} * t_k - T_{ik} * u_k \right) \mathrm{d}S + \int_{F^+ + F^-} \left(G_{ik} * t_k - T_{ik} * u_k \right) \mathrm{d}F \tag{7.3}$$

当裂纹不存在时，式(7.3)可表示为

$$u_i(x,t) = \int_S \left(G_{ik} * t_k - T_{ik} * u_k \right) \mathrm{d}S \tag{7.4}$$

当裂纹存在时，如果将裂纹看作位错，即应力矢量连续，位移矢量不连续，那么在 F^+ 和 F^- 面上有[12]

$$\begin{cases} t_k^+ + t_k^- = 0 \\ u_k^+ + u_k^- = 0 \end{cases} \tag{7.5}$$

由于裂纹扩展仅在裂纹表面发生不连续位移，除裂纹面 F 外，没有受任何外力作用，所以式(7.3)可表示为

$$u_i(x,t) = \int_F T_{ik}(x,y,t) * b_k(y,t)\mathrm{d}F \tag{7.6}$$

格林函数所给出的应力矢量 $T_{ik}(x,y,t)$ 可表示为

$$T_{ik}(x,y,t) = C_{pq}G_{ip,q}(x,y,t)n_l \tag{7.7}$$

式中，C_{pq} 为弹性常数；n_l 为法线矢量。

将式(7.7)代入式(7.6)可得

$$u_i(x,t) = G_{ip,q}(x,y,t) * S(t)C_{pq}n_l l_k \Delta V \tag{7.8}$$

式中，$S(t)$ 为焊接裂纹激励源时间函数；ΔV 为破裂体积。

定义矩张量的数学表达式为

$$M_{pq} = C_{pq}l_k n_l \Delta V \tag{7.9}$$

对于均匀且各向同性的材料，弹性常数可表示为

$$C_{pq} = \iota\delta_{pq}\delta_{kl} + \mu\left(\delta_{pq}\delta_{kl} + \delta_{pl}\delta_{qk}\right) \tag{7.10}$$

式中，δ 为克罗内克函数。

将式(7.10)代入式(7.9)可得

$$M_{pq} = \begin{bmatrix} \iota l_k n_k + 2\mu l_1 n_1 & \mu(l_1 n_2 + l_2 n_1) & \mu(l_1 n_3 + l_3 n_1) \\ \mu(l_1 n_2 + l_2 n_1) & \iota l_k n_k + 2\mu l_2 n_2 & \mu(l_2 n_3 + l_3 n_2) \\ \mu(l_1 n_3 + l_3 n_1) & \mu(l_2 n_3 + l_3 n_2) & \iota l_k n_k + 2\mu l_3 n_3 \end{bmatrix} \Delta V \tag{7.11}$$

结合式(7.9)和式(7.8)可知，弹性波动方程中弹性波的位移 $u_i(x,t)$ 可表示为

$$u_i(x,t) = G_{ip,q}(x,y,t) * S(t)M_{pq} \tag{7.12}$$

7.1.2　矩张量理论

矩张量反演方法广泛应用于均匀且各向同性介质中的焊接裂纹激励源机制分析[13]。在弹性动力学的观点中，能否将材料当作均匀且各向同性介质进行后续分析,主要是由声发射信号的波长和非均匀材料的尺寸之间的大小关系决定的。

在铝合金平板结构焊件中，由于声发射信号波长远大于焊接裂纹激励源区域半径，在声发射检测时铝合金平板结构焊件可以看作均匀且各向同性的材料[14]。

根据 Ohtsu 等[15]的理论，经过点源假设和远场近似，只考虑 P 波初动幅值，那么对于采用声发射技术所检测到的信号，声发射信号的初动幅值可表示为

$$A(x) = \frac{1}{4\pi\rho R}(r_1, r_2, r_3) M_{pq} \begin{bmatrix} r_1 \\ r_2 \\ r_3 \end{bmatrix} \tag{7.13}$$

式中，$A(x)$ 为声发射信号的初动幅值；R 为焊接裂纹激励源与传感器之间的距离，r_1、r_2、r_3 分别为其方向余弦；ρ 为材料的密度。

将式(7.13)进一步展开可得

$$A(x) = \frac{1}{4\pi\rho R}(r_1, r_2, r_3) \begin{bmatrix} m_{11} & m_{12} & m_{13} \\ m_{21} & m_{22} & m_{23} \\ m_{31} & m_{32} & m_{33} \end{bmatrix} \begin{bmatrix} r_1 \\ r_2 \\ r_3 \end{bmatrix} \tag{7.14}$$

由式(7.14)可知，矩张量 M_{pq} 包含了 9 个分量，如图 7.2 所示。等效力、角动量守恒定律导致了矩张量的对称性，因此 9 个分量元素中只有 6 个独立分量。在

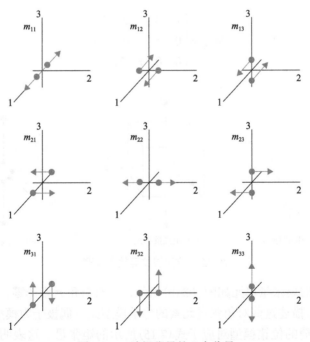

图 7.2 二阶矩张量的 9 个分量

焊接裂纹激励源位置以及声发射信号初动幅值已知的前提下，式(7.14)的求解可转换成求解超定方程组。

对于三维平面，超定方程组中含有 6 个未知数，因此需要 6 个或 6 个以上的传感器接收到声发射波形，得到相应的声发射初动幅值后，超定方程组才有解。

7.1.3　矩张量反演方法

1. 等效力模型

在矩张量结果一定的情况下，采用不同的矩张量分解计算方法可能会得到不同的裂纹类型结果。因此，对矩张量进行合理分解，是使用矩张量识别裂纹类型最关键的一步。在声发射技术中，声发射源可以以等效力模型为纽带，与矩张量元素联系起来。

1)拉伸裂纹等效力模型

图 7.3 为拉伸裂纹等效力模型。拉伸裂纹的位错模型如图 7.3(a)所示，表面 F^+ 和 F^- 在 x-y 平面上与 z 轴垂直，表面 F^+ 上升，表面 F^- 下降，其方向和表面法向量 n 平行，导致表面形成拉伸裂纹。裂纹面的法向量 $n = (0,0,1)$，裂纹运动向量 $l = (0,0,1)$，根据式(7.11)，拉伸裂纹的矩张量可表示为

$$M_{pq} = \begin{bmatrix} \iota & 0 & 0 \\ 0 & \iota & 0 \\ 0 & 0 & \iota + 2\mu \end{bmatrix} \Delta V \tag{7.15}$$

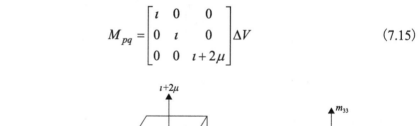

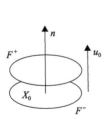
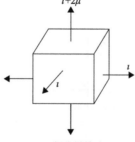
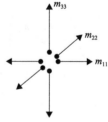

(a) 拉伸裂纹的位错模型　　　(b) 矩张量单元　　　(c) 三偶极子力模型

图 7.3　拉伸裂纹等效力模型

与其对应的矩张量单元如图 7.3(b)所示，只有对角元素非零，其余所有非对角元素全为零。描述这些对角张量元素的力学模型是三偶极子力模型，如图 7.3(c)所示。拉伸裂缝的位错模型对应于式(7.15)所示的矩张量。这表明，用三偶极子力模型表述裂纹的拉伸模型是合理且有效的。

2) 剪切裂纹等效力模型

图 7.4 为剪切裂纹等效力模型。剪切裂纹的位错模型如图 7.4(a)所示，表面 F^+ 和 F^- 沿 y 轴呈相反方向滑动，导致表面形成剪切裂纹。裂纹面的法向量 $n=(0,0,1)$，裂纹运动向量 $l=(0,0,1)$，根据式(7.11)，剪切裂纹的矩张量可表示为

$$M_{pq}=\begin{bmatrix} 0 & 0 & 0 \\ 0 & 0 & \mu_b \\ 0 & \mu_b & 0 \end{bmatrix}\Delta V \tag{7.16}$$

与其对应的矩张量单元和双力偶模型分别如图 7.4(b)和(c)所示。由式(7.16)可知，双力偶模型正好对应于应力张量中的剪切应力(非对角元素)。

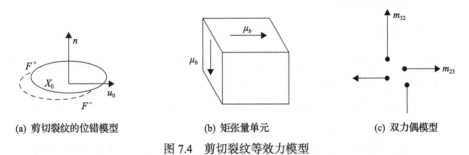

(a) 剪切裂纹的位错模型　　　　　(b) 矩张量单元　　　　　(c) 双力偶模型

图 7.4　剪切裂纹等效力模型

2. 特征值分解

矩张量直接反映了裂纹扩展的几何信息，但是要得到式(7.15)所表明的拉伸裂纹以及式(7.16)所表明的剪切裂纹的矩张量几乎不可能。这是因为裂纹的运动向量 u_0 和单位法向量 n 形成的角度为直角(剪切裂纹)、平行(拉伸裂纹)以外的角度，将两个矢量进行分离是不可能的。Ohtsu 等[15]针对裂纹类型和矩张量提出了优势判别法的判别条件，即通过矩张量可以得到焊接裂纹激励源类型。该方法的具体原理如下。

若对矩张量的三个特征值 λ 进行正则化，则矩张量特征值分解式为

$$\begin{cases} X'+Y'+Z'=1 \\ 0-0.5Y'+Z'=\lambda_{\text{mid}}/\lambda_{\text{max}} \\ -X'-0.5Y'+Z'=\lambda_{\text{min}}/\lambda_{\text{max}} \end{cases} \tag{7.17}$$

式中，λ_{min}、λ_{mid}、λ_{max} 分别为矩张量三个从小到大的特征值；X' 为剪切成分；Y' 为拉伸的偏差成分；Z' 为拉伸成分。那么，剪切贡献率为 X'，拉伸贡献率为 $Y'+Z'$，根据贡献率的相对值可以确定裂纹的类型，如下：

$$\begin{cases} X' > 60\%, & 剪切裂纹 \\ 40\% < X' < 60\%, & 混合裂纹 \\ X' < 40\%, & 拉伸裂纹 \end{cases} \tag{7.18}$$

7.2　焊接裂纹声发射信号采集实验

本节分别对焊缝处带有预制裂纹的铝合金平板结构进行拉伸实验和剪切实验，采集铝合金平板结构焊接裂纹声发射信号，为验证矩张量反演方法能否识别铝合金平板结构焊接裂纹类型提供实验数据。

7.2.1　实验设备与材料

1. 实验设备

本节对焊缝处带有预制裂纹的铝合金平板结构进行拉伸实验和剪切实验，同时进行声发射测试。其中，拉伸实验所采用的加载装置为 WDW 电子万能实验机，剪切实验所采用的加载装置为横向拘束压力可调试装置。声发射信号采集系统采用北京声华兴业科技有限公司生产的 SAEU2S 多通道声发射信号采集系统。声发射信号采样频率为 2500kHz，采样长度为 2048，采样间隔为 2000μs，波形门限和参数门限为 45dB。采用的传感器型号为 SR150M，其中心频率为 150kHz，工作频率为 60~400kHz，在传感器之后设置 PAI 型的前置放大器，将信号强度进行提高。

2. 实验材料

选用的实验材料为 2024 铝合金平板，弹性模量为 70GPa，密度为 $2700kg/m^3$。采用电火花线切割机在铝合金平板结构焊缝处切割一条长度为 10mm 的预制裂纹，裂纹与铝合金平板的短边平行。预制裂纹的目的是保证铝合金焊接结构在外力作用下，其焊接裂纹从预制裂纹尖端开始扩展。2024 铝合金焊件的实体图如图 7.5 所示。

图 7.5　2024 铝合金焊件实体图

7.2.2 铝合金平板结构焊接裂纹声发射信号采集

1. 拉伸裂纹声发射信号采集

铝合金平板几何尺寸为 200mm×60mm×5mm，实验过程中采用 2mm/min 的位移速度进行单轴拉伸。传感器与焊件加载两端留约 10mm 的距离，以减少拉伸机的干扰。传感器布置方式如图 7.6 所示，传感器位置分别为 A(160mm, 50mm, 5mm)、B(160mm, 30mm, 0)、C(160mm, 10mm, 5mm)、D(40mm, 50mm, 0)、E(40mm, 30mm, 5mm)、F(40mm, 10mm, 0)。

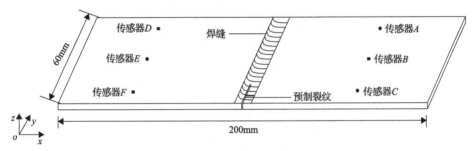

图 7.6 传感器布置方式

图 7.7 为铝合金平板结构焊缝拉伸裂纹声发射信号采集实验现场图。

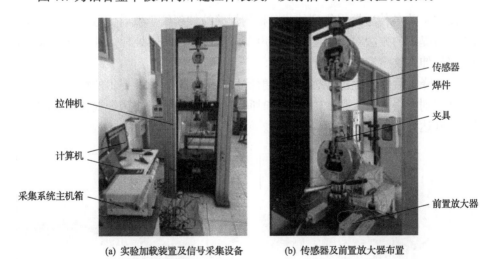

(a) 实验加载装置及信号采集设备   (b) 传感器及前置放大器布置

图 7.7 铝合金平板结构焊缝拉伸裂纹声发射信号采集实验现场图

2. 剪切裂纹声发射信号采集

铝合金平板几何尺寸及传感器的位置布置方式与拉伸裂纹声发射信号采集时相同。通过旋转压力施加螺杆对铝合金平板结构进行加载，图 7.8 为铝合金平板结构焊缝剪切裂纹声发射信号采集实验现场图。

(a) 实验加载装置及信号采集设备　　(b) 传感器及前置放大器布置

图 7.8　铝合金平板结构焊缝剪切裂纹声发射信号采集实验现场图

7.3　焊接裂纹类型识别

7.3.1　铝合金平板结构焊缝拉伸裂纹识别

图 7.9 为各传感器采集到的待分析的焊缝拉伸裂纹声发射信号波形图。采用第 4 章所提出的方法对焊缝拉伸裂纹声发射信号进行降噪处理，图 7.10 为降噪后的焊缝拉伸裂纹声发射信号波形图。

结合降噪后的焊缝拉伸裂纹声发射信号，采用第 5 章所提出的声发射信号到达时间识别方法对信号到达传感器的时间进行识别。图 7.11 为焊缝拉伸裂纹声发射信号到达各传感器的时间识别结果。

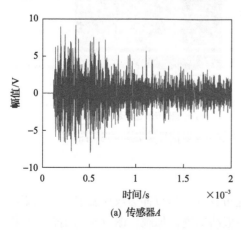
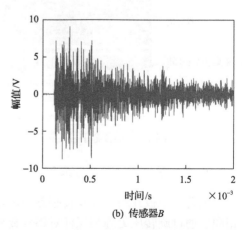

(a) 传感器A　　　　　　(b) 传感器B

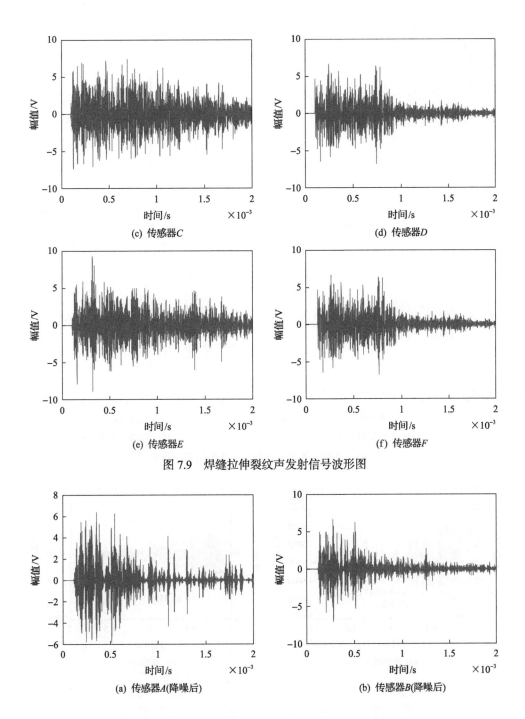

(c) 传感器C

(d) 传感器D

(e) 传感器E

(f) 传感器F

图 7.9　焊缝拉伸裂纹声发射信号波形图

(a) 传感器A(降噪后)

(b) 传感器B(降噪后)

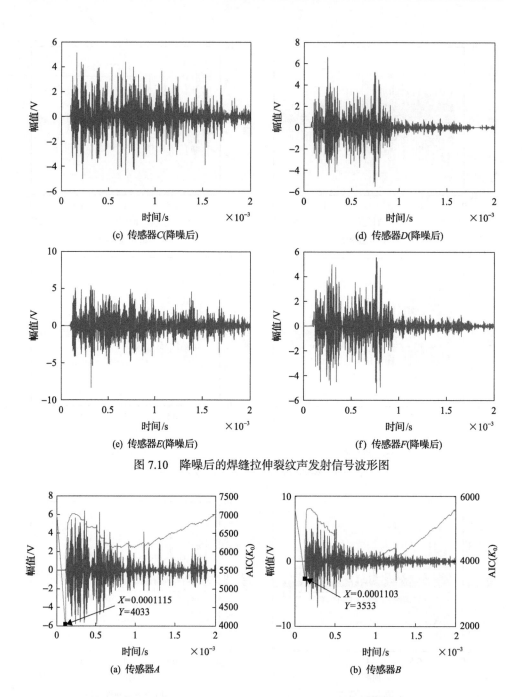

图 7.10　降噪后的焊缝拉伸裂纹声发射信号波形图

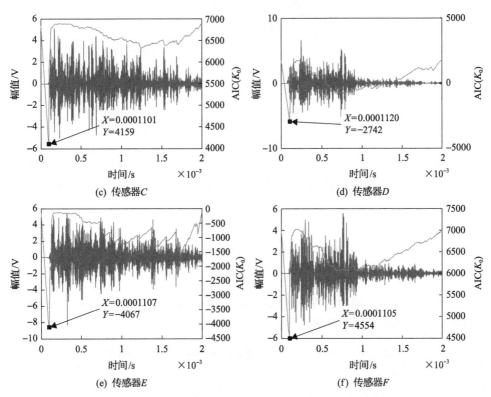

图 7.11　焊缝拉伸裂纹声发射信号到达各传感器的时间识别结果

为了采用矩张量反演方法获取裂纹类型，首先，需要确定裂纹激励源的位置。采用第 6 章所提出的定位算法，结合焊缝拉伸裂纹声发射信号到达各传感器的时间和声发射信号在铝合金平板中的传播速度，实现焊缝拉伸裂纹激励源的定位，裂纹激励源的位置坐标为(101.0836mm, 17.7928mm, 4.8302mm)。其次，需要获取声发射信号到达传感器的初动幅值。在根据 AR-AIC 方法识别声发射信号到达时间 t_1 后，信号的初动幅值即信号到达时间后第一个到达最值的点所对应的幅值。表 7.1 为各传感器检测到的拉伸裂纹声发射信号初动幅值。

表 7.1　拉伸裂纹声发射信号初动幅值

传感器	A	B	C	D	E	F
初动幅值/V	−0.01215	−0.003716	−0.03402	−0.04768	−0.09889	0.007485

通过计算可以获得拉伸裂纹激励源到传感器的距离及方向余弦，如表 7.2 所示。

表 7.2　拉伸裂纹激励源到传感器的距离及方向余弦

传感器	距离 R/mm	方向余弦(r_1, r_2, r_3)
A	67.1452	(0.6391,0.8871,1.0000)
B	60.3613	(0.5603,0.9796,0.9968)
C	59.4298	(0.5476,0.9914,1.0000)
D	69.2231	(0.6353,0.8937,0.9976)
E	62.2917	(0.5565,0.9809,1.0000)
F	61.7678	(0.5496,0.9921,0.9969)

将表 7.1 和表 7.2 中的数据代入式(7.14)，联立方程组可求得焊缝拉伸裂纹矩张量为

$$M_{pq} = \begin{bmatrix} 0.6565 & 0.0393 & 0.1976 \\ 0.0393 & 1.5597 & 0.6889 \\ 0.1976 & 0.6889 & 5.1613 \end{bmatrix} \tag{7.19}$$

根据式(7.19)，通过数学计算可求出其对应的特征值，结合式(7.17)和式(7.18)可识别出焊接裂纹类型，结果如表 7.3 所示。

表 7.3　拉伸裂纹声发射信号特征值分解及裂纹类型识别

特征值		特征值分解		裂纹类型
$\lambda_{\min}$	0.6477	X'	14.81%	
λ_{mid}	1.0055	Y'	38.77%	拉伸裂纹
$\lambda_{\max}$	5.2973	Z'	46.42%	

7.3.2　铝合金平板结构焊缝剪切裂纹识别

图 7.12 为各传感器采集到的待分析的焊缝剪切裂纹声发射信号波形图。

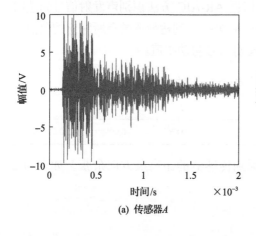

(a) 传感器A

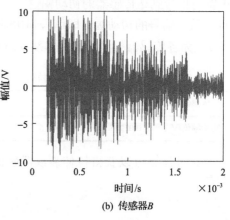

(b) 传感器B

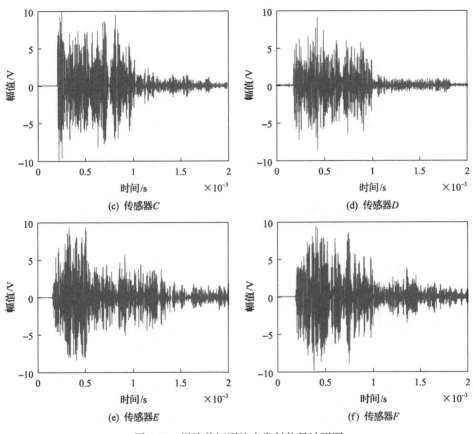

(c) 传感器C

(d) 传感器D

(e) 传感器E

(f) 传感器F

图 7.12　焊缝剪切裂纹声发射信号波形图

采用第 4 章所提出的方法对焊缝剪切裂纹声发射信号进行降噪处理。图 7.13 为降噪后的焊缝剪切裂纹声发射信号波形图。

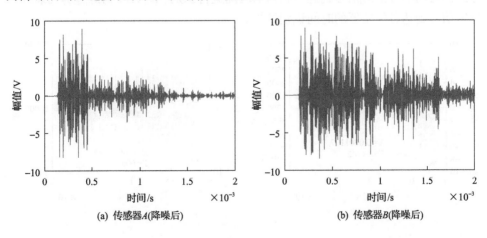

(a) 传感器A(降噪后)

(b) 传感器B(降噪后)

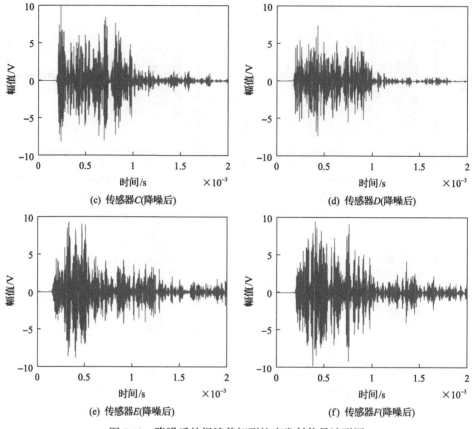

(c) 传感器C(降噪后)   (d) 传感器D(降噪后)

(e) 传感器E(降噪后)   (f) 传感器F(降噪后)

图 7.13　降噪后的焊缝剪切裂纹声发射信号波形图

结合降噪后的焊缝剪切裂纹声发射信号，采用第 5 章所提出的识别声发射信号到达时间的方法对信号到达传感器的时间进行识别。图 7.14 为焊缝剪切裂纹声发射信号到达各传感器的时间识别结果。

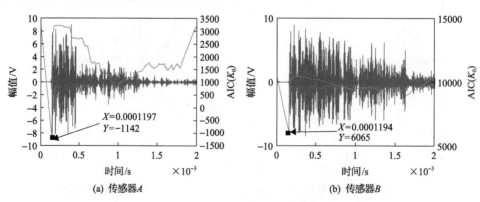

(a) 传感器A   (b) 传感器B

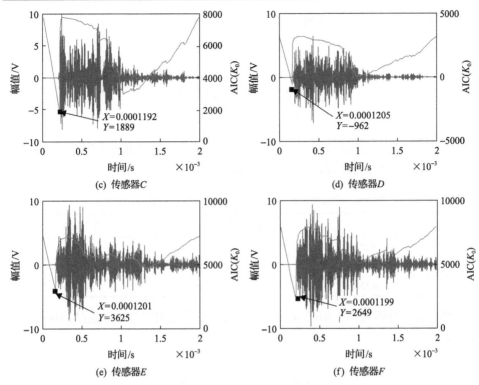

图 7.14　焊缝剪切裂纹声发射信号到达各传感器的时间识别结果

结合焊缝剪切裂纹声发射信号到达各传感器的时间和声发射信号在铝合金平板中的传播速度，确定裂纹激励源的位置坐标为 (106.2433mm, 13.6427mm, 4.2306mm)。表 7.4 为各传感器检测到的剪切裂纹声发射信号初动幅值。

表 7.4　剪切裂纹声发射信号初动幅值

传感器	A	B	C	D	E	F
初动幅值/V	−0.002755	0.002826	0.001331	0.002478	−0.0003234	0.003040

通过计算可以获得剪切裂纹激励源到传感器的距离及方向余弦，如表 7.5 所示。

表 7.5　剪切裂纹激励源到传感器的距离及方向余弦

传感器	距离 R/mm	方向余弦 (r_1, r_2, r_3)
A	64.9017	(0.6761, 0.8472, 0.9999)
B	56.3493	(0.5784, 0.9582, 0.9972)
C	53.8855	(0.5423, 0.9977, 0.9999)
D	75.6831	(0.6408, 0.8868, 0.9984)
E	68.2373	(0.5647, 0.9714, 0.9999)
F	66.4781	(0.5433, 0.9985, 0.9980)

将表 7.4 和表 7.5 中的数据代入式(7.14)，联立方程组可求得焊缝剪切裂纹矩张量为

$$M_{pq} = \begin{bmatrix} 0.0257 & 0.0462 & 0.2842 \\ 0.0462 & 0.0214 & 0.0032 \\ 0.2842 & 0.0032 & 0.0402 \end{bmatrix} \tag{7.20}$$

根据式(7.20)，通过数学计算可求出其对应的特征值，结合式(7.17)和式(7.18)可识别出焊接裂纹类型，结果如表 7.6 所示。

表 7.6　剪切裂纹声发射信号特征值分解及裂纹类型识别

特征值		特征值分解		裂纹类型
$\lambda_{\min}$	−0.2548	X'	85.84%	
λ_{mid}	0.0209	Y'	5.10%	剪切裂纹
$\lambda_{\max}$	0.3212	Z'	9.06%	

基于以上分析可知，矩张量反演方法能够有效识别铝合金平板结构中焊接裂纹的类型。

7.4　本章小结

本章介绍了一种基于矩张量反演方法的铝合金平板结构焊接裂纹类型识别方法，该方法将拉伸裂纹和剪切裂纹等效为矩张量力学模型，利用检测到的声发射信号信息进行特征计算，根据特征量计算结果对结构裂纹类型进行判断。通过设计铝合金平板结构焊缝拉伸裂纹和剪切裂纹声发射信号采集实验，得到铝合金平板结构焊接裂纹声发射信号，并将矩张量反演方法应用于铝合金平板结构焊接裂纹声发射信号的裂纹类型识别。结果表明，矩张量反演方法能够实现铝合金平板结构焊缝拉伸裂纹和剪切裂纹的有效识别。

参 考 文 献

[1] 吴顺川, 黄小庆, 陈钒, 等. 岩体破裂矩张量反演方法及其应用[J]. 岩土力学, 2016, 37(S1): 1-18.

[2] 刘培洵, 陈顺云, 郭彦双, 等. 声发射矩张量反演[J]. 地球物理学报, 2014, 57(3): 858-866.

[3] Romanowicz B A. Moment tensor inversion of long period Rayleigh waves: A new approach[J]. Journal of Geophysical Research: Solid Earth, 1982, 87(B7): 5395-5407.

[4] Stich D, Martín R, Morales J. Moment tensor inversion for Iberia-Maghreb earthquakes 2005-2008[J]. Tectonophysics, 2010, 483(3-4): 390-398.

[5] Dahm T. Relative moment tensor inversion based on ray theory: Theory and synthetic tests[J]. Geophysical Journal of the Royal Astronomical Society, 2010, 124(1): 245-257.

[6] 成勇. 焊接裂纹声发射信号特性实验研究[D]. 湘潭: 湖南科技大学, 2016.

[7] 何宽芳, 谭智, 成勇, 等. 焊接凝固热裂纹声发射检测技术关键问题[J]. 湖南科技大学学报(自然科学版), 2015, 30(4): 40-46.

[8] Mindlin R D. Micro-structure in linear elasticity[J]. Archive for Rational Mechanics and Analysis, 1964, 16(1): 51-78.

[9] Marohnic M, Tambaca J. Derivation of a linear prestressed elastic rod model from three-dimensional elasticity[J]. Mathematics and Mechanics of Solids, 2015, 20(10): 1215-1233.

[10] Itin Y, Hehl F W. The constitutive tensor of linear elasticity: Its decompositions, Cauchy relations, null Lagrangians, and wave propagation[J]. The Journal of Mathematical Physics, 2013, 54(4): 042903.

[11] Breckenridge F R, Tschiegg C E, Greenspan M. Acoustic emission: Some applications of Lamb's problem[J]. The Journal of the Acoustical Society of America, 1975, 57(3): 626-631.

[12] Eshelby J D. Dislocation Theory for Geophysical Applications[J]. Philosophical Transactions of the Royal Society A: Mathematical Physical & Engineering Sciences, 1973, 274(1239): 331-338.

[13] 李骥. 基于声发射的裂纹建模与诊断[D]. 宜昌: 三峡大学, 2014.

[14] 罗怡, 谢小健, 朱亮, 等. 铝合金 P-MIG 焊接过程熔滴过渡行为的结构负载声发射表征[J]. 焊接学报, 2016, 37(5): 102-106, 133.

[15] Ohtsu M, Yuyama S, Imanaka T. Theoretical treatment of acoustic emission sources in microfracturing due to disbonding[J]. The Journal of the Acoustical Society of America, 1987, 82(2): 506-512.

第8章　焊接裂纹声发射信号时频特征提取

　　焊接裂纹产生及状态变化所引发的应力波是一种瞬时、突发、不可再现的声发射信号。由于焊接过程声发射测试中焊件与夹具连接的摩擦、电弧冲击的干扰，实际采集到的声发射信号呈现出多模态、特征微弱的特点，是一种非平稳信号。对于非平稳信号，时频分析方法是一种有效的处理手段。本章介绍同步压缩小波变换在焊接裂纹声发射信号特征提取中的应用，并结合近似熵理论与主成分分析（PCA）方法形成焊接裂纹声发射信号特征向量的构建方法。通过设计焊接加热过程声发射信号测试实验，将特征构建方法应用于焊接加热过程混合激励源声发射信号的分解，能有效获取焊接结构裂纹激励源声发射信号的特征。

8.1　同步压缩小波变换的基本理论与算法

　　时频分析方法是分析非平稳信号的有效方法，常用的时频分析方法有短时傅里叶变换（short time Fourier transform, STFT）、连续小波变换（continuous wavelet transform, CWT）、Wigner-Ville 分布等[1-3]。直接将这些方法应用于焊接裂纹声发射信号检测中存在不足，例如，短时傅里叶变换是单一分辨率方法，一旦选定窗函数，分辨率也就固定下来；连续小波变换是一种时间-尺度函数，分析结果不是直观的频率信息，另外受不确定性原理的制约，难以同时兼顾时域和频域上的分辨率；Wigner-Ville 分布是一种二次时频分布，其分析结果会产生交叉项干扰。

　　同步压缩小波变换是以小波变换为基础，利用小波变换后信号频域中相位不受尺度变换影响的特性求取各尺度下对应的频率，再将同一频率下的尺度相加，即重新分配小波变换得到的小波系数并对其进行压缩，从而将相同频率附近的值压缩至该频率中，改善了尺度方向的模糊现象，提高了时频分辨率[4-6]。同步压缩变换（SST）的整个过程称为时频重排，具体变换过程如下。

　　给定原始信号 $x(t)$，首先计算 $x(t)$ 的小波系数 $W_x(a,b)$：

$$W_x(a,b) = a^{-1/2} \int_{-\infty}^{\infty} x(t) \overline{\psi\left(\frac{t-b}{a}\right)} \, \mathrm{d}t \tag{8.1}$$

式中，$W_x(a,b)$ 为小波系数；a 为尺度因子，与频率成反比；b 为平移因子，与时间相关；$\overline{\psi(\cdot)}$ 为母小波函数 $\psi(\cdot)$ 的共轭复数。

　　当信号为谐波函数 $x(t) = A\cos(\omega t)$ 时，有 $\xi < 0$、$\hat{\psi}(\xi) = 0$，根据帕塞瓦尔定理，

连续小波系数为

$$
\begin{aligned}
W_x(a,b) &= \frac{1}{2\pi}\int \hat{x}(\xi)a^{1/2}\overline{\hat{\psi}(a\xi)}\,e^{ib\xi}d\xi \\
&= \frac{A}{4\pi}\int\left[\delta(\xi-\omega)+\delta(\xi+\omega)\right]a^{1/2}\overline{\hat{\psi}(a\xi)}\,e^{ib\xi}d\xi \\
&= \frac{A}{4\pi}a^{1/2}\overline{\hat{\psi}(a\omega)}\,e^{ib\omega}
\end{aligned}
\tag{8.2}
$$

式中，ξ 为角频率；$\hat{\psi}(\xi)$ 为母小波函数 $\psi(\xi)$ 的傅里叶变换；δ 为冲击函数。

如果 $\hat{\psi}(\xi)$ 的主频 $\xi=\omega_0$，那么小波系数 $W_x(a,b)$ 将会在时间-尺度平面内 $a=\omega_0/\omega$ 的位置处聚集，实际得到的小波系数 $W_x(a,b)$ 受限于时频测不准原则，其在尺度方向会发生较为明显的能量扩散现象，使得小波变换的时间-尺度谱变得模糊。Daubechies 等[7]研究发现：虽然 $W_x(a,b)$ 分布于 a 附近，但是其在 b 的振荡行为由原始频率 ω 决定，即小波系数的相位与尺度因子 a 没有关联，因此瞬时频率 $\omega_x(a,b)$ 可以根据 $W_x(a,b)$ 来计算：

$$
\omega_x(a,b) = \frac{-i}{2\pi W_x(a,b)}\frac{\partial W_x(a,b)}{\partial b}
\tag{8.3}
$$

根据瞬时频率 $\omega_x(a,b)$ 计算公式可以将时间-尺度域转换为时间-频率域，即先建立一个尺度-频率的映射关系，然后对小波系数 $W_x(a,b)$ 在中心频率处完成阈值为 γ、精度为 ε 的压缩与重排，最终得到同步压缩小波系数 $T_x(\omega,b)$。同步压缩小波系数 $T_x(\omega,b)$ 的计算式如下：

$$
T_x(\omega,b) = \int_{A(b)} W_x(a,b)a^{-\frac{3}{2}}\delta[\omega(a,b)-\omega]da
\tag{8.4}
$$

式中，$A(b)=\{a;W_x(a,b)\neq 0\}$，且对于任意的 (a,b) 值，$a\in A(b)$。由于当信号含有噪声时，在 $W_x(a,b)=0$ 处结果会不稳定，所以需要对 $|W_x(a,b)|$ 设定一个阈值，舍去比阈值低的系数，即 $A(b)=\{a;W_x(a,b)\geqslant\gamma\}$。

实际情况下，由于尺度因子 a、平移因子 b、频率 ω 都是离散的，离散同步压缩小波系数的计算式由式(8.4)变为

$$
T_x(\omega_l,b) = (\Delta\omega)^{-1}\sum_{a_k:\,|\omega_{f(a,b)}-\omega_l|\leqslant\frac{\Delta\omega}{2}} W_x(a_k,b)a_k^{-\frac{3}{2}}(\Delta a)_k
\tag{8.5}
$$

式中，ω_l 为离散同步压缩变换后的频率；$\Delta\omega$ 为在小波变换尺度谱上以 ω_l 为中心的尺度区间半长度，且 $\Delta\omega=\omega_l-\omega_{l-1}$；$a_k$ 为小波变换尺度谱上尺度区间的离散化

尺度点，且 $\Delta a = a_k - a_{k-1}$。

通过式(8.5)把频率区间 $\left[\omega_l - \dfrac{1}{2}\Delta\omega, \omega_l + \dfrac{1}{2}\Delta\omega\right]$ 内的小波系数进行叠加放在频率 ω_l 处，即把一个频率区间的小波系数"压缩"到一个频率点上，使得信号中的各频率成分能够清晰地显示在时频图上；同时 $W_x(a,b)$ 被限制在中心频率 ω_l 附近，与中心频率 ω_l 的距离不超过邻近频率距离的 1/2，使得各频率曲线细化，不存在交叉项，从而有效避免了频率混叠。

SST 属于一种时频重排算法，但与原始重排算法不同，它支持信号重构，因此可以通过逆变换重构原始信号，逆变换公式为

$$x(t)= \mathrm{Re}\left[R_\psi^{-1}\int_0^\infty T_x(\omega,b)a^{-3/2}\mathrm{d}a\right] \tag{8.6}$$

式中，$x(t)$ 为重构后的原始信号；R_ψ 设置为 $R_\psi = \dfrac{1}{2}\int_0^{+\infty}\overline{\psi(\xi)}\dfrac{\mathrm{d}\xi}{\xi}$；Re 表示对信号取实部。

图 8.1 为同步压缩小波变换流程图。

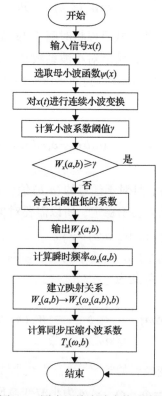

图 8.1　同步压缩小波变换流程图

8.2　同步压缩小波变换分解方法

8.2.1　同步压缩小波变换参数选取

SST 是以 CWT 为基础的，即对 CWT 得到的小波系数进行重排、压缩来提高时频分辨率，因此选择合适的母小波函数 $\psi(x)$ 和小波系数阈值 γ 对于提高 SST 的时频分辨率有着重要意义。

1. 同步压缩母小波函数的选取

设 $\psi(x)$ 为平方可积函数，即 $\psi(x) \in L^2(\mathbb{R})$，若其傅里叶变换 $\psi(\omega)$ 满足如下条件[8]：

$$C_\psi = \int_{\mathbb{R}} \frac{|\hat{\psi}(\omega)|^2}{|\omega|} \mathrm{d}\omega < \infty \tag{8.7}$$

则称 $\psi(x)$ 为一个小波基或母小波函数，称式 (8.7) 为小波函数的容许条件。

由于 SST 中首先要进行小波变换建立时频谱，所以变换所用的小波基函数既需要具备对称性、长度有限、零均值等特性，还要对目标信号有较好的匹配程度[9]。常用的母小波函数有以下几种：Haar 小波、Morlet 小波、Meryer 小波及 Mexicanhat 小波等。

1）Haar 小波

Haar 小波是 $N=1$ 时的 db 小波，作为具有紧支性的正交小波，它是支撑域在 $t \in [0,1]$ 内的单个矩形波，定义如下：

$$\psi(t) = \begin{cases} 1, & 0 \leqslant t \leqslant \dfrac{1}{2} \\ 0, & \text{其他} \\ -1, & \dfrac{1}{2} < t \leqslant 1 \end{cases} \tag{8.8}$$

Haar 小波的傅里叶变换为

$$\psi(f) = \mathrm{i}\frac{4}{\omega}\sin^2\left(\frac{f}{a}\right)\mathrm{e}^{-\mathrm{i}f/2} \tag{8.9}$$

Haar 小波的时域和频域波形如图 8.2 所示。

由图 8.2 可以看出，Haar 小波虽然具有正交性及对称性等优点，但是它在时域上并不连续，因此其应用范围受到限制。

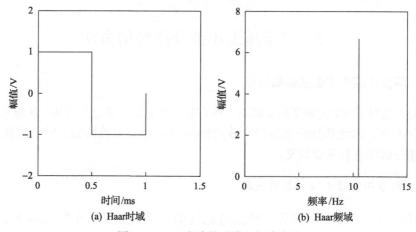

图 8.2　Haar 小波的时域和频域波形

2）Morlet 小波

Morlet 小波是最常用的复值小波，其定义如下：

$$\psi(t) = \left(\frac{1}{\sqrt{\pi f_b}}\right) e^{j2\pi f_c t} e^{-t^2/f_b} \tag{8.10}$$

式中，f_b 为带宽；f_c 为中心频率。

Morlet 小波是高斯包络下的复指数函数，其实部常用来作为小波基函数进行小波变换，具体为

$$\psi(t) = \left(\frac{1}{\sqrt{\pi f_b}}\right) e^{2t^2/f_b} \cos(2\pi f_c t) \tag{8.11}$$

Morlet 小波的傅里叶变换为

$$\psi(f) = e^{-\pi^2(f-f_c)^2/f_b} \tag{8.12}$$

Morlet 小波的时域和频域波形如图 8.3 所示。

由图 8.3 可以看出，Morlet 小波在时域和频域上都呈现出良好的集中性，并且具有较好的对称性。

3）Meryer 小波

Meryer 小波是由一对共轭正交镜像滤波器组的频谱来定义的，没有表达式。Meryer 小波的时域和频域波形如图 8.4 所示。

由图 8.4 可以得出，Meryer 小波是正交小波，其有效支撑区间为[-5ms, 5ms]，Meryer 小波也具有对称性。

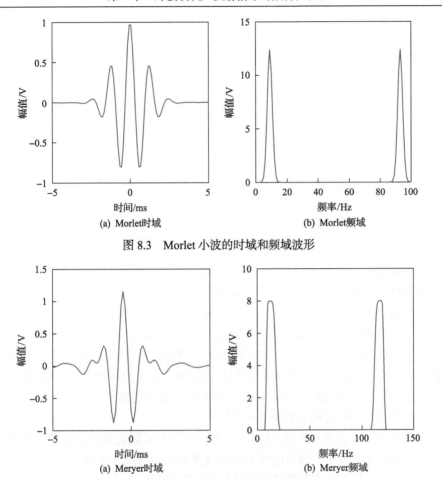

(a) Morlet时域

(b) Morlet频域

图 8.3   Morlet 小波的时域和频域波形

(a) Meryer时域

(b) Meryer频域

图 8.4   Meryer 小波的时域和频域波形

4）Mexicanhat 小波

Mexicanhat 小波与 Morlet 小波类似，其不具备正交性但具备对称性，并且不是紧支撑的，也可做连续小波变换。其定义如下：

$$\psi(t) = C(1-t^2)e^{-t^2/2} \tag{8.13}$$

式中，$C = \dfrac{2 \times \sqrt[4]{\pi}}{\sqrt{3}}$。

Mexicanhat 小波的傅里叶变换为

$$\psi(f) = \sqrt{2\pi}c\omega^2 e^{-\omega^2/2} \tag{8.14}$$

Mexicanhat 小波的时域和频域波形如图 8.5 所示。

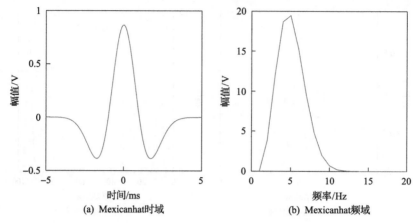

图 8.5　Mexicanhat 小波的时域和频域波形

Mexicanhat 小波作为对称小波，满足容许条件，并且具有任意阶的正则性，采用其进行连续小波变换后有良好的时频局部化特性。

根据式 (8.1) 和式 (8.2) 可知，$W_x(a,b)$ 可用于衡量原始信号和子小波之间的相似程度，其值越大，两者越相似，因此为了有效获取目标信号的特征成分的分布规律，需要选取适合目标信号的小波基函数。然而具有理想时频段映射的小波基函数在理论上是不存在的，在实际应用小波变换时，受到调频和背景噪声的影响，时频图中的时频脊线特征不明显，同时由频段泄露而造成的能量发散现象较为严重，干扰了对目标信号时频特征的辨识。

本节选用的小波基函数是 Morlet 小波，因为其频域能量比较集中，通频带较窄，频率混叠影响较小，具有时域对称和线性相位的特点，变换过程中失真较小，作为复值小波其具有的实部能够对相位信息进行良好的表达。同时，Morlet 小波是一种平方指数衰减的余弦信号，其波形与声发射信号具有很强的相似性，因此选取 Morlet 小波函数为母小波函数，可以实现母小波与焊接过程信号特征的良好匹配。

为了验证基于 Morlet 母小波的同步压缩小波变换对于声发射信号特征具有良好的匹配性，根据文献[10]采用三个指数衰减信号模拟声发射信号，其表达式为

$$
\begin{aligned}
x(t) = & 2\exp\left\{-2\pi[(t-t_1)/\alpha_1]^2\right\}\sin\left[2\pi f_1(t-t_1)\right] \\
& + 2\exp\left\{-2\pi[(t-t_2)/\alpha_2]^2\right\}\sin\left[2\pi f_2(t-t_2)\right] \\
& + 2\exp\left\{-2\pi[(t-t_3)/\alpha_3]^2\right\}\sin\left[2\pi f_3(t-t_3)\right]
\end{aligned}
\tag{8.15}
$$

信号由三个脉冲组成，f_1、f_2、f_3 分别是 3 个谐波信号的频率，分别以时间 t_1、t_2、t_3 为中心。各参数取值分别为 f_1=70kHz、f_2=80kHz、f_3=200kHz，符合焊接裂纹声发射信号的频率范围，t_1=0.2ms、t_2=0.4ms、t_3=0.6ms，α_1=0.0001、α_2=0.00015、

α_3=0.0002，采样频率设置为 20MHz。不同频率成分的声发射仿真信号波形图及频谱图如图 8.6 所示。

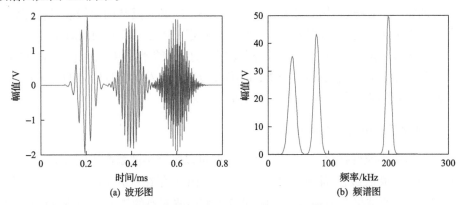

(a) 波形图　　　　　　　　　(b) 频谱图

图 8.6　不同频率成分的声发射仿真信号波形图及频谱图

对该仿真信号进行 SST 分析，选择的母小波函数分别为 Haar 小波、Morlet 小波、Meryer 小波和 Mexicanhat 小波，结果如图 8.7 所示。

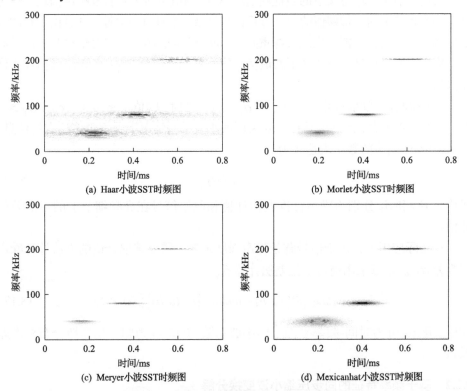

(a) Haar 小波 SST 时频图　　　　　　　(b) Morlet 小波 SST 时频图

(c) Meryer 小波 SST 时频图　　　　　　(d) Mexicanhat 小波 SST 时频图

图 8.7　不同母小波函数下的 SST 时频图

基于 Haar 小波的 SST 时频图的时频聚集性比较低，其原因是 Haar 小波的时间域是不连续的。Morlet 小波的波形及频率与声发射仿真信号相似，所以基于 Morlet 小波的 SST 时频图的时频聚集性较高，频率分布带较精细，能够反映声发射信号的特性。Meryer 小波的波形较窄，其 SST 时频图反映的信号能量特征较为微弱，在 200kHz 频率处信号能量出现了"断层"现象。基于 Mexicanhat 小波的 SST 时频图在 40kHz 频率处的频带分布较宽，时频聚集性较差。因此，选择 Morlet 小波作为母小波函数进行 SST 分析，能准确地表达声发射仿真信号的能量特征分布，清楚直观地表示信号能量的时频关系。

2. 同步压缩小波系数阈值的选取

同步压缩小波变换过程中阈值 γ 的选取可以影响小波系数谱的分界点，即系数 $W_x(a,b)$ 的最低级。当阈值取得过小时，由于存在噪声信号，小波系数在 $W_x(a,b)=0$ 处的结果会不稳定，影响同步压缩小波变换的精度，阈值取得过大则会造成特征信号的丢失。目前，常用的阈值优化方法有通用阈值优化、广义交叉验证(generalized cross validation, GCV)阈值优化、BayesShrink 阈值优化。

通用阈值是渐进意义下的最优阈值；GCV 阈值虽然无须获取噪声信息，但是其对小波系数不同子带阈值的寻优过程比较复杂，不具有高效性，并且由于它的阈值比例是固定的，可能会出现边缘重叠；BayesShrink 阈值不仅对信号和噪声具有自适应性，而且也是渐进意义下的最优阈值。因此，选取 BayesShrink 阈值作为优化阈值。

BayesShrink 阈值优化的原理：当 $\hat{\sigma}_N / \hat{\sigma}_Y \ll 1$ 时，阈值 γ 将很小，$\hat{\sigma}_N / \hat{\sigma}_Y \gg 1$ 时，阈值 γ 将很大，因此能够在去除无用的小波系数情况下保留更多的有用信息。BayesShrink 阈值的数学表达式为

$$\gamma = \hat{\sigma}_N / \hat{\sigma}_Y \tag{8.16}$$

式中，$\hat{\sigma}_N$ 和 $\hat{\sigma}_Y$ 分别为噪声标准差估计值和原始信号在高频细节上的标准差估计值。

在实际应用中，由于信号背景噪声强度未知，需要选取合适的方法计算噪声标准差 $\hat{\sigma}_N$。本章采用绝对中位差法计算 $\hat{\sigma}_N$：

$$\hat{\sigma}_N = \mathrm{median}\left\{\left|W_x(a,b) - \mathrm{median}\left[W_x(a,b)\right]\right|\right\} / 0.6745 \tag{8.17}$$

式中，$W_x(a,b)$ 为时间-频率平面上的小波系数；0.6745 为归一化高斯分布标准差系数。

8.2.2 基于频率特征的同步压缩小波变换分解

由于 SST 算法能准确求得信号的瞬时频率，并且能对信号内部的组成部分进

行较为精确的描述，本节研究基于频率特征的 SST 分解，基本理论如下。

定义 8.1　假设函数 $x_k(t) = A_k(t)\cos[2\pi\phi_k(t)]$ 满足以下条件[11]：

$$A \in L^1(\mathbb{R}) \cap L^\infty(\mathbb{R}), \quad \phi \in L^2(\mathbb{R})$$
$$\inf_{t\in\mathbb{R}} \phi'(t) > 0, \quad \sup_{t\in\mathbb{R}} \phi'(t) < \infty, \quad \sup_{t\in\mathbb{R}} \phi''(t) < \infty \tag{8.18}$$
$$|A'(t)|, \ |\phi''(t)| \leqslant \varepsilon|\phi'(t)|, \quad \forall t \in \mathbb{R}$$

则函数 $x_k(t)$ 是精度为 ε 的内禀模态类函数（ε-IMF）。在模态分解过程中，目标信号将被分解为有限个 IMF。

定义 8.2　如果信号函数 $x(t)$ 可以表示为[11]

$$x(t) = \sum_{k=1}^{K} x_k(t) = \sum_{k=1}^{K} A_k(t)\cos[2\pi\phi_k(t)] \tag{8.19}$$

式中，$x_k(t)$ 为具有精度 ε 的 IMF；K 为常数；且满足以下条件：

$$\phi'_k(t) > \phi'_{k-1}(t), \ |\phi'_k(t) - \phi'_{k-1}| \geqslant d[\phi'_k(t) + \phi'_{k-1}] \tag{8.20}$$

则函数 $x(t)$ 是分离度为 d 的 ε-IMF 的和。ε-IMF 的集合被记为 $A_{\varepsilon,d}$。

结论 8.1　将定义 8.1 和定义 8.2 联立式（8.4）可得，当选定频率区间 l 时，通过 $x(t)$ 的同步压缩小波变换可实现分量 $x_k(t)$ 的完全重构，即对于每一个 $k \in \{1,2,\cdots,K\}$，各分量可由式（8.21）求得[12]：

$$x_k(t) = \frac{2}{R_\psi}\text{Re}\left[\sum_{l\in L_k(t)} T_x(\omega,b)\Delta\omega\right] \tag{8.21}$$

式中，$x_k(t)$ 为提取的第 k 个有效信号；R_ψ 为选取母小波函数的允许性常数，可表示为 $R_\psi = \dfrac{1}{2}\displaystyle\int_0^{+\infty} \overline{\hat{\psi}(\xi)}\dfrac{\mathrm{d}\xi}{\xi}$，$\hat{\psi}(\xi)$ 为母小波函数的傅里叶变换，ξ 为母小波函数的主频；$L_k(t)$ 为模态信号的频带区间。式（8.21）的具体证明步骤由文献[11]给出。

图 8.8 为基于频率特征的同步压缩小波分解流程图。采用 SST 分解目标信号中的各模态成分，步骤如下：

（1）根据 8.1 节理论计算信号 $x(t)$ 的 SST 系数 $T_x(\omega,b)$；

（2）根据 $T_x(\omega,b)$ 得到的时频分布脊线或先验知识确定所要分解的信号分量频带范围 $L_k(t)$；

（3）在特征频段范围内对 SST 系数进行积分抽取；

（4）将获得的 SST 系数进行逆变换重构，将信号 $x(t)$ 分解到模态信号频带区

间 $L_k(t)$ 中, 得到分解信号 $x_k(t)$ 。

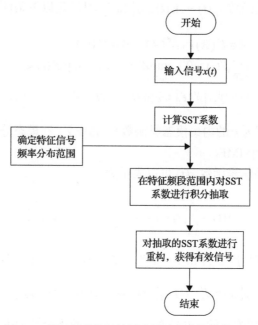

图 8.8　基于频率特征的同步压缩小波分解流程图

8.2.3　同步压缩小波变换分解方法的应用

　　焊接过程采集到的结构裂纹形成及状态变化所产生的声发射源信号呈现出复杂噪声背景下多声发射源共存、特征微弱的特点。本节将基于频率特征的 SST 分解方法应用于焊接过程多源声发射信号的有效分离中。

　　在焊接过程声发射信号测试平台(第 2 章)上进行了焊接摩擦激励源(后称为摩擦激励源)声发射信号、焊接电弧冲击激励源(后称为电弧冲击激励源)声发射信号、焊接结构裂纹激励源(后称为裂纹激励源)声发射信号和焊接加热过程混合激励源声发射信号的测试实验。声发射信号采集实验按照文献[13]进行。

　　采用 SST 算法对采集到的焊接过程摩擦、电弧冲击和裂纹激励源声发射信号进行分析。图 8.9 为选取的摩擦激励源声发射信号波形图及 SST 时频图, 图 8.10 为选取的电弧冲击激励源声发射信号波形图及 SST 时频图, 图 8.11 为选取的裂纹激励源声发射信号波形图及 SST 时频图。

　　从图 8.9 的 SST 时频图可以看到, 摩擦激励源声发射信号的能量分布在 5～50kHz 的低频段。从图 8.10 可以看出, 电弧冲击激励源声发射信号频率随时间不断变化, 能量主要分布在 40～100kHz, 其中在 0.1～0.5ms 信号能量相对最为集聚, 分布在 40～74kHz。从图 8.11 可以看出, 裂纹激励源声发射信号能量分布较为广泛，裂纹信号能量主要分布在 100～265kHz。

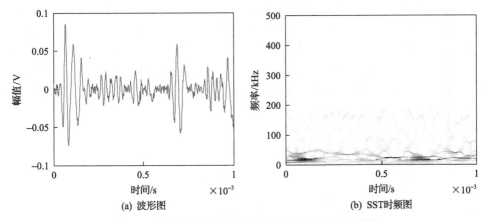

(a) 波形图　　　　(b) SST时频图

图 8.9　摩擦激励源声发射信号波形图及 SST 时频图

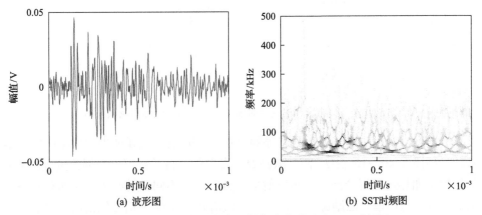

(a) 波形图　　　　(b) SST时频图

图 8.10　电弧冲击激励源声发射信号波形图及 SST 时频图

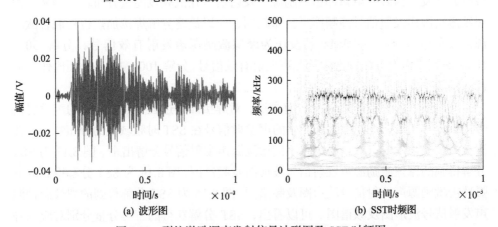

(a) 波形图　　　　(b) SST时频图

图 8.11　裂纹激励源声发射信号波形图及 SST 时频图

图 8.12 为实验采集到的焊接加热过程混合激励源声发射信号波形图及频谱图。由于受到焊件与夹具之间的摩擦干扰和电弧冲击干扰，声发射信号呈现出复杂噪声背景下多声发射源共存、裂纹声发射信号特征微弱的特性，信号频率分布在 0～200kHz。为了实现混合激励源声发射信号中单一激励源声发射信号的有效分离，根据不同激励源产生的声发射信号的频率特性，采用 SST 算法对三种激励源声发射信号的特征频段进行分解，在混合激励源声发射信号中将不同激励源声发射信号分解出来。

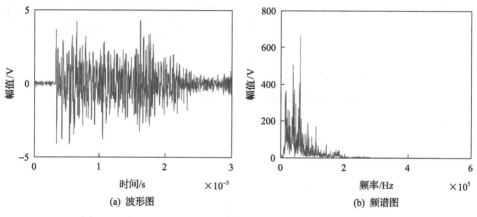

图 8.12　焊接加热过程混合激励源声发射信号波形图及频谱图

由于摩擦激励源声发射信号特征频段在 5～50kHz，电弧冲击激励源声发射信号特征频段在 40～100kHz，两种激励源声发射信号特征频率出现部分重叠。为了降低焊接加热过程混合激励源声发射信号分解时，不同激励源频带叠加对分解效果的影响，对比单一激励源声发射信号幅值谱和图 8.12 中信号幅值谱，由于摩擦激励源声发射信号、电弧冲击激励源声发射信号在低频段能量分布较为均衡，而裂纹激励源声发射信号高频能量分布较弱，所以最终分解焊接加热过程混合激励源声发射信号中 5～40kHz 频段作为摩擦激励源声发射有效信号，分解 50～100kHz 频段作为电弧冲击激励源声发射有效信号，分解 100～260kHz 频段作为裂纹激励源声发射有效信号。

应用基于频率特征的 SST 分解方法，对焊接加热过程实验采集到的声发射信号进行分解，根据不同激励源产生的声发射信号在 SST 时频域上的分布特性，在混合激励源声发射有效信号中将不同激励源声发射信号分解出来。图 8.13 为 SST 分解得到的摩擦激励源声发射信号波形图及频谱图，图 8.14 为 SST 分解得到的电弧冲击激励源声发射信号波形图及频谱图，图 8.15 为 SST 分解得到的裂纹激励源声发射信号波形图及频谱图。可以看出，SST 分解获得的三类分量分别对应三种激励源声发射信号各自的频率范围。采用基于频率特征的 SST 分解方法，可方便有效地获得特定频带的分量用于后续研究。

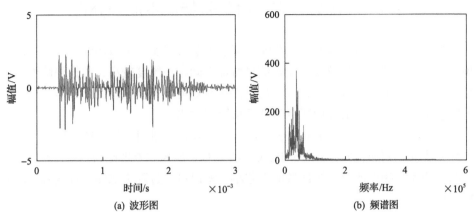

(a) 波形图　　　　　　　　　　　　　　(b) 频谱图

图 8.13　SST 分解的摩擦激励源声发射信号波形图及频谱图

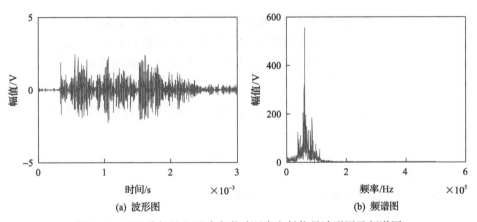

(a) 波形图　　　　　　　　　　　　　　(b) 频谱图

图 8.14　SST 分解的电弧冲击激励源声发射信号波形图及频谱图

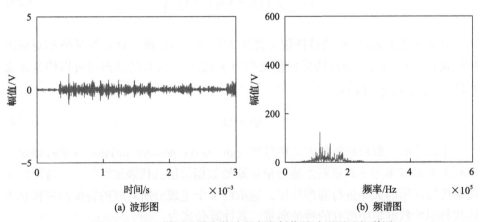

(a) 波形图　　　　　　　　　　　　　　(b) 频谱图

图 8.15　SST 分解的裂纹激励源声发射信号波形图及频谱图

8.3　焊接裂纹声发射信号特征主成分分析

焊接裂纹声发射信号具有复杂噪声背景下裂纹状态特征微弱的特性，采用时频分析方法提取的焊接裂纹声发射信号特征空间存在维度较高、数据稀疏性高、裂纹状态特征不明显等问题，难以从中提取有效的特征量值。因此，需要研究一种信息压缩方法，对信号特征空间进行精简和优化。

主成分分析方法是由 Karl Pearson 针对非随机变量引入的，Harold Hotelling 将此方法推广到随机向量。由于 PCA 方法是基于最大方差理论的，即有效特征信号的方差大，噪声或者干扰信号的方差小，所以可通过降维滤除干扰信号，增强特征信号[14,15]。

8.3.1　主成分分析方法

PCA 是实现高维数据降至低维数据的一种常用方法，通过对原始数据的加工处理，剔除冗余信息，简化问题处理的难度，以提高对外界干扰的抵抗力。PCA 方法具有对输入变量的去相关性功能，降低无关变量的影响[16,17]。其方法步骤如下。

设 n 维随机向量 $X = [x_1, x_2, \cdots, x_n]^\mathrm{T}$，则样本均值可以由式(8.22)计算：

$$\bar{x} = \frac{1}{n}\sum_{i=1}^{n} x_i \tag{8.22}$$

根据求得的样本均值构造协方差矩阵 S：

$$S = \frac{1}{n}\sum_{i=1}^{n}\left[(x_i - \bar{x})(x_i - \bar{x})^\mathrm{T}\right] \tag{8.23}$$

计算协方差矩阵 S 的特征值 λ 并从大到小进行排序，计算特征值相对应的特征向量 $p_i(i=1,2,\cdots,n)$（特征向量也称为主成分），所有特征向量可以构成正交矩阵 $p = [p_1, p_2, \cdots, p_n]$：

$$Sp = \lambda p \tag{8.24}$$

主成分的选取根据累积方差贡献率(cumulative percent variance, CPV)确定，累积方差贡献率用于衡量新生成分量对原始数据的信息代表度[18,19]。将特征向量按对应特征值的大小进行降序排序，选取的 k 个主成分所对应的特征向量被认为能代替原始数据集中所有的特征向量，其计算公式为

$$\varphi = \frac{\sum\limits_{i=1}^{k}\lambda_i}{\sum\limits_{i=1}^{n}\lambda_i} \geqslant 85\% \tag{8.25}$$

式中，λ 为特征向量数据集的特征值。一般认为，当前 k 个主成分大于 85%时就能覆盖较多的原始数据信息，由式(8.25)可确定主成分个数，即将前 k 个主成分作为样本特征。

将选取的 k 个主成分特征向量组成变换矩阵 D，并把 X 投影到 D 上，得到降维后的样本数据 Y：

$$Y = XD \tag{8.26}$$

通过对压缩后的数据进行逆变换，可以重构出去除部分冗余信息的原始数据 $\tilde{X}$：

$$\tilde{X} = YD^{-1} + \overline{x} \tag{8.27}$$

从能量的角度来说，用 PCA 方法重构后得到的数据能够保留原始数据的大部分能量信息。根据累积方差贡献率筛选出的特征向量或特征值的代数和，具体表示为

$$\sigma = \sum_{i=1}^{n}\lambda_i - \sum_{i=1}^{k}\lambda_i = \sum_{i=k+1}^{n}\lambda_i \tag{8.28}$$

8.3.2　焊接裂纹声发射信号计算与分析

本节采用 PCA 方法对焊接裂纹声发射信号特征进行降维处理，获取反映焊接裂纹声发射信号主成分特征的信息。首先，应用 SST 算法对焊接裂纹声发射信号进行时频分析，获取声发射信号在时频联合域中的能量分布；其次，以此三维数据结构为基础，采用 PCA 方法进行降维处理；最后，获取声发射信号时频分布的主成分。

图 8.16 为焊接过程摩擦激励源声发射信号波形图及 SST 时频图，由 SST 时频图可以看到摩擦激励源声发射信号的能量主要分布在 2～70kHz 低频段。

对 SST 得到的三维时频数据进行主成分分析，根据式(8.24)计算主成分数量，选取累积方差贡献率为 85%，计算得到主成分数量为 5，前 85%的各个主成分贡献率如表 8.1 所示。

图 8.17 为 PCA 得到的 C_1～C_5 主成分信号波形图及频谱图，由于选取的贡献

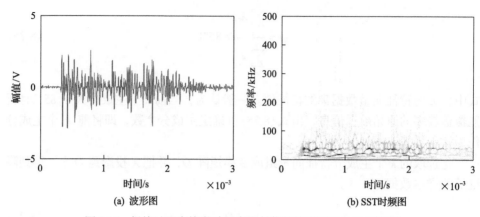

(a) 波形图　　　　　　　　　　　　(b) SST时频图

图 8.16　焊接过程摩擦激励源声发射信号波形图及 SST 时频图

表 8.1　摩擦激励源声发射信号主成分贡献率

主成分信号	C_1	C_2	C_3	C_4	C_5
贡献率/%	19.84	18.58	18.27	15.62	12.69

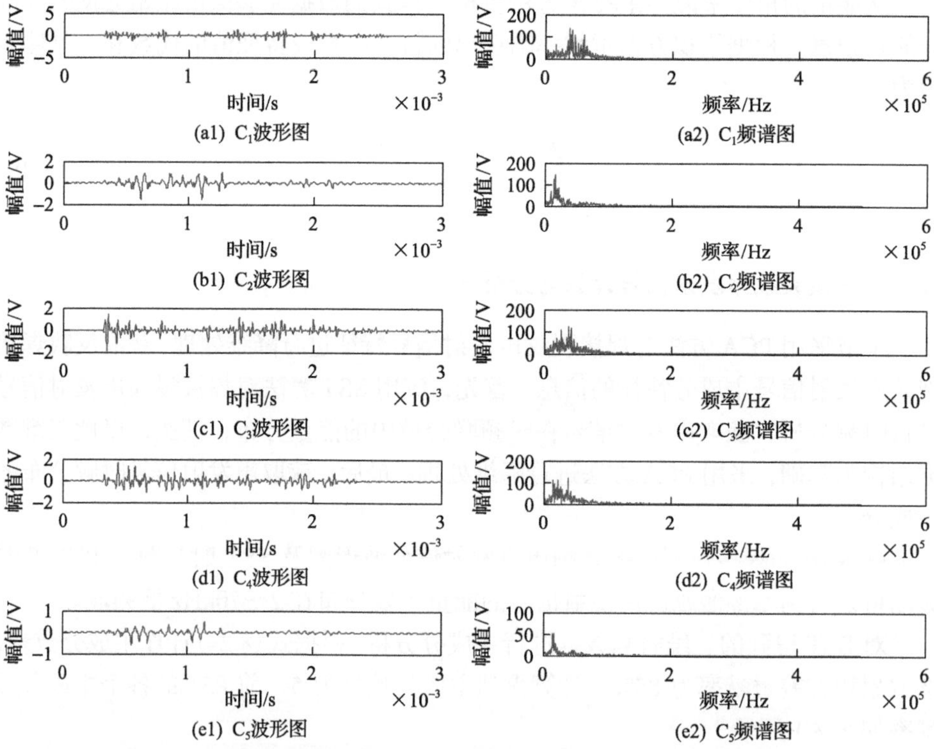

(a1) C_1波形图　　　　　　　　　　(a2) C_1频谱图

(b1) C_2波形图　　　　　　　　　　(b2) C_2频谱图

(c1) C_3波形图　　　　　　　　　　(c2) C_3频谱图

(d1) C_4波形图　　　　　　　　　　(d2) C_4频谱图

(e1) C_5波形图　　　　　　　　　　(e2) C_5频谱图

图 8.17　焊接过程摩擦激励源声发射信号主成分信号波形图及频谱图

率为 85%，各个主成分分别对应声发射信号的主要特征。从图 8.17 中可以看出，PCA 得到的分量 $C_1 \sim C_5$ 对应信号的不同频率成分，每个分量都能够表现信号的真实物理信息。

图 8.18 为焊接过程电弧冲击激励源声发射信号波形图及 SST 时频图，由 SST 时频图可以看到电弧冲击激励源声发射信号的能量主要分布在 30~100kHz 的低频段。

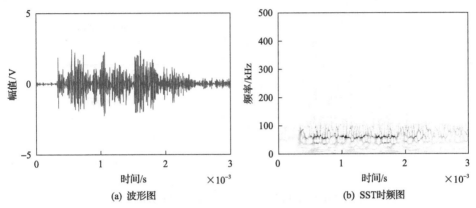

(a) 波形图　　　　　　　　　　　　　(b) SST时频图

图 8.18　焊接过程电弧冲击激励源声发射信号波形图及 SST 时频图

对 SST 得到的三维时频数据进行主成分分析，根据式(8.24)计算主成分数量，选取累积方差贡献率为 85%，计算得到主成分数量为 4，前 85%的各个主成分贡献率如表 8.2 所示。

表 8.2　电弧冲击激励源声发射信号主成分贡献率

主成分信号	C_1	C_2	C_3	C_4
贡献率/%	47.84	15.33	11.12	10.71

图 8.19 为 PCA 得到的 $C_1 \sim C_4$ 主成分信号波形图及频谱图。结合表 8.2 可以看出，PCA 得到的分量中 C_1 对应信号的主要频率成分，C_1 的贡献率达到 47.84%，包含了信号的主要特征；$C_2 \sim C_4$ 从波形来看比较稀疏，其对应的贡献率比较小。

图 8.20 为裂纹激励源声发射信号波形图及 SST 时频图，由 SST 时频图可以看到裂纹激励源信号的能量分布较为广泛，主要分布在100~200kHz 的频段。

对 SST 得到的三维时频数据进行主成分分析，根据式(8.24)计算主成分数量，选取累积方差贡献率为 85%，计算得到主成分数量为 6，前 85%的各个主成分贡献率如表 8.3 所示。

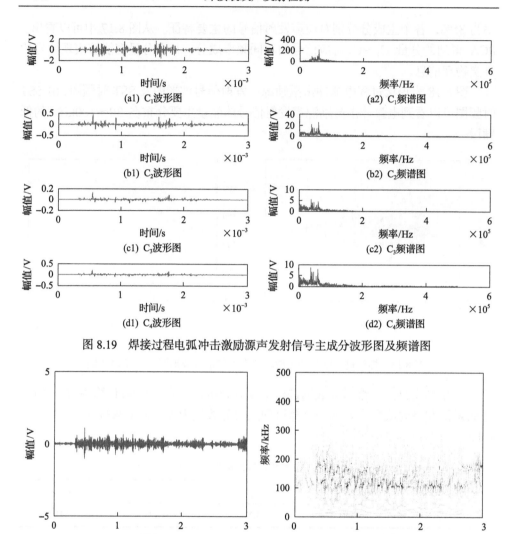

图 8.19　焊接过程电弧冲击激励源声发射信号主成分波形图及频谱图

图 8.20　裂纹激励源声发射信号波形图及 SST 时频图

表 8.3　PCA 选取的裂纹激励源声发射信号主成分贡献率

主成分信号	C_1	C_2	C_3	C_4	C_5	C_6
贡献率/%	17.24	16.89	14.62	14.18	14.94	7.13

图 8.21 为 PCA 得到的 $C_1 \sim C_6$ 主成分信号波形图及频谱图。结合表 8.3 可以看出，PCA 得到的分量中 $C_1 \sim C_6$ 的贡献率比较接近，各分量分布在不同的频率范围，分别表征信号的主要特征信息。

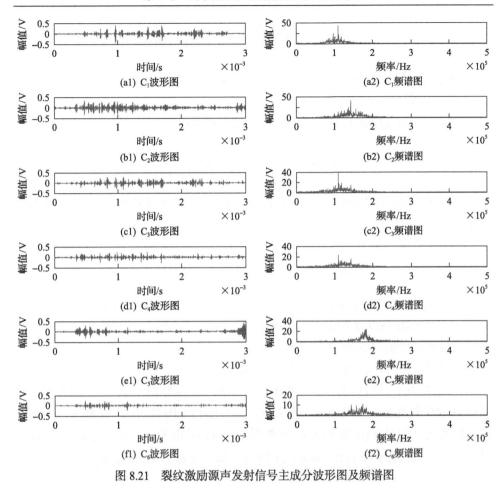

图 8.21 裂纹激励源声发射信号主成分波形图及频谱图

8.4 焊接裂纹声发射信号近似熵

8.4.1 近似熵计算方法

设信号序列为 $x(1), x(2), \cdots, x(n)$，给定模式维数为 m，将信号按序列号的连续顺序组成一组 m 维向量 $X(i)$，即 $X(i) = [x(i), x(i+1), \cdots, x(i+m-1)]$，其中，$i = 1, 2, \cdots, n-m+1$。

定义任意两个向量 $X(i)$ 与 $X(j)$ 之间的距离为

$$d\big[X(i), X(j)\big] = \max_{q=0,1,\cdots,m-1}\big[x(i+q) - x(j+q)\big] \tag{8.29}$$

定义相关积分 $C_i^m(r)$ 为

$$C_i^m(r) = (n-m+1)^{-1} \times \sum_{j=1}^{n-m+1} \Theta \left\{ r - d\left[X(i), X(j) \right] \right\} \tag{8.30}$$

式中，$\Theta(\cdot)$ 为赫维赛德函数（Heaviside function）；r 为容限偏差；$C_i^m(r)$ 为向量 $X(i)$ 与 $X(j)$ 的距离小于 r 的概率。

可以得出向量序列 $\{X(i)\}$ 平均自相关程度 $\Phi^m(r)$ 为

$$\Phi^m(r) = \frac{1}{n-m+1} \sum_{i-1}^{n-m+1} \ln C_i^m(r) \tag{8.31}$$

$\Phi^m(r)$ 随 m 的增大而变小，表示 m 维相空间中的状态点关联机会随 m 的增大而减小。

定义近似熵的值为

$$\text{ApEn}(m,n,r) = \lim_{n\to\infty}\left[\Phi^m(r) - \Phi^{m+1}(r) \right] \tag{8.32}$$

近似熵的值显然与 n、m、r 的取值有关，Pincus 通过实验发现取 $m=2$、$r = 0.1 \sim 0.25\text{SD}$（SD 为原始数据标准差）时，可以得到较好的结果[20]。本节计算相应信号近似熵值时取 $m=2$、$r = 0.15\text{SD}$。

图 8.22 为 $m=2$ 时近似熵的物理意义。由图可以看出，当 $m=2$ 时，$X(i) = [x(i), x(i+1)]$ 可以看作 $x(i)$ 和 $x(i+1)$ 组成的直线线段；A、B 区间为 $x(i)$ 和 $x(i+1)$ 的容限范围。如果特征向量 $X(j) = [x(j), x(j+1)]$ 经过 A、B 范围，则可以得出两类特征向量 $X(i)$ 和 $X(j)$ 的距离 $d\left[X(i), X(j) \right]$ 小于 r，也就是 $X(i)$ 和 $X(j)$ 的模式在容限偏差 r 下近似。同理可以推出，如果维数为 m，那么 $d\left[X(i), X(j) \right]$ 小于 r，可知 $X(i) = [x(i), x(i+1), \cdots, x(i+m-1)]$ 与 $X(j) = [x(j), x(j+1), \cdots, x(j+m-1)]$ 的模式在 r 下近似。

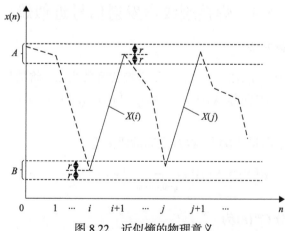

图 8.22　近似熵的物理意义

　　计算近似熵的本质是衡量给定维数 m 时两个 m 维特征向量之间的距离并且统计 r 内距离的数目,即计算当维数 m 发生改变时新模式出现的对数条件概率均值。因此,近似熵可以用来表征信号的复杂程度。

　　近似熵具有以下特点[21-24]:

　　(1)只需要较少的数据点就可以达到对信号序列从统计角度进行估计的目的。

　　(2)具有较好的抗噪及抗干扰能力。因为噪声数据点具有独特性,通过设置容限偏差 r 可以将干扰数据线段和 $x(i)$ 分隔开,达到去除噪声的效果。

　　(3)具有较强的通用分析能力,既可用于随机信号和确定信号,也可用于两者组成的混合信号,且混合比例不同时其近似熵值也会改变。

8.4.2　焊接裂纹声发射信号近似熵计算

　　对焊接过程混合激励源声发射信号进行 SST 分解,得到摩擦激励源声发射信号、电弧冲击激励源声发射信号和裂纹激励源声发射信号。三种激励源声发射信号是非线性、非平稳的时变信号,通过计算近似熵可以定量表征焊接过程声发射信号的特征信息。

　　对 SST 分解得到的三种激励源声发射信号分别进行近似熵计算。每种激励源信号选择 100 组数据片段,每组数据片段长度为 1000,计算得到 100 个近似熵值。考虑到焊接过程的复杂性,对同一种激励源声发射信号计算得到的近似熵值可能会有明显的差异性,因此对于每类激励源声发射信号,随机选取 5 个近似熵值组成一组特征向量,得到 20 组近似熵特征向量,三种激励源声发射信号共计得到 60 组相应的特征向量。表 8.4 列出了每种状态下的 5 组特征向量。

表 8.4　三种激励源声发射信号近似熵特征向量

信号状态	组号	近似熵特征向量				
		C_1	C_2	C_3	C_4	C_5
摩擦	1	0.36077	0.2252	0.26771	0.30218	0.22476
	2	0.26781	0.38323	0.48399	0.33616	0.50165
	3	0.22178	0.30121	0.56308	0.30658	0.52547
	4	0.39916	0.59236	0.36889	0.30836	0.33554
	5	0.4197	0.29982	0.38064	0.30382	0.32994
电弧冲击	1	0.50246	0.75646	0.53673	0.55775	0.7132
	2	0.81501	0.60229	0.52172	0.51317	0.77663
	3	0.57154	0.65322	0.58506	0.68155	0.58005
	4	0.73364	0.68114	0.4535	0.50822	0.62393
	5	0.58074	0.58933	0.48662	0.51083	0.53914

续表

信号状态	组号	近似熵特征向量				
		C_1	C_2	C_3	C_4	C_5
裂纹	1	0.73234	0.58624	0.60747	0.9138	0.63035
	2	0.70512	0.86988	0.88319	0.88549	0.84729
	3	0.74905	0.80106	0.82044	0.77676	0.68448
	4	0.70625	0.86291	0.77185	0.79003	0.98078
	5	0.89131	0.87794	0.68048	0.79361	0.76498

图 8.23 为表 8.4 所列出的三种激励源声发射信号的近似熵特征向量曲线图。从图 8.23 可以看出,三种激励源声发射信号本身具有非平稳、非线性的特点,其近似熵特征向量也呈现出互相耦合、交叉的特性。

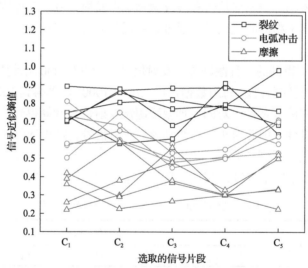

图 8.23　三种激励源声发射信号的近似熵特征向量曲线图

8.5　焊接裂纹声发射信号特征构建

8.5.1　焊接裂纹声发射信号特征构建方法

本节结合近似熵理论与 PCA 降维方法,研究一种焊接裂纹声发射信号特征构建方法。焊接裂纹声发射信号特征构建方法的基本流程如图 8.24 所示。

首先,选取焊接加热过程混合激励源声发射信号进行基于频率特征的 SST 分解,得到焊接过程摩擦、电弧冲击、裂纹三种激励源声发射信号,应用 SST 方法

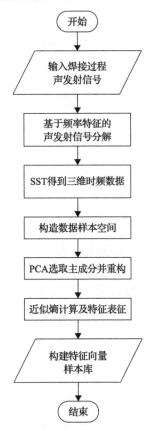

图 8.24 焊接裂纹声发射信号特征构建方法的基本流程

对分解得到的各模态声发射信号进行时频分析,获取声发射信号在时频联合域中的能量分布;然后,采用 PCA 方法进行特征增强处理,以 SST 得到的三维数据结构为基础构造协方差矩阵,获取时频分布的主成分并进行重构,获得特征增强后的信号;最后,采用近似熵计算方法求得重构信号的近似熵值,构建近似熵特征向量用以定量表征焊接裂纹声发射信号特征,并将近似熵特征向量构建成训练样本集特征向量库和测试样本集特征向量库。

8.5.2 焊接裂纹声发射信号特征构建方法的应用

按照 8.3.1 节的方法进行焊接裂纹声发射信号特征的构建。图 8.25 为重构后的摩擦激励源声发射信号波形图及 SST 时频图。对比图 8.16 和图 8.25 可以看出,重构后声发射信号的波形特征更加明显,SST 时频图更加精细化,信号的能量集聚程度更高。采用 PCA 方法进行主成分选取并重构后,摩擦激励源声发射信号主要分布在 10~50kHz 频段。

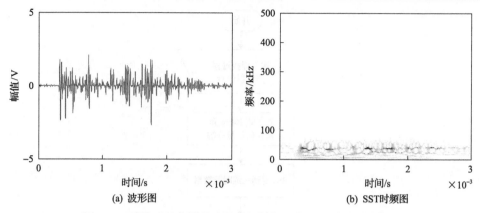

(a) 波形图　　　　　　　　　　　　　(b) SST时频图

图 8.25　重构后的摩擦激励源声发射信号波形图及 SST 时频图

图 8.26 为重构后的电弧冲击激励源声发射信号波形图及 SST 时频图。对比图 8.18 和图 8.26 可以发现，重构后声发射信号时频特征得到了明显增强，0～40kHz 的低频信号以及 80～100kHz 的高频信号均得到了很好的抑制，40～80kHz 频段能量分布更加明显，信号能量得到了显著增强。

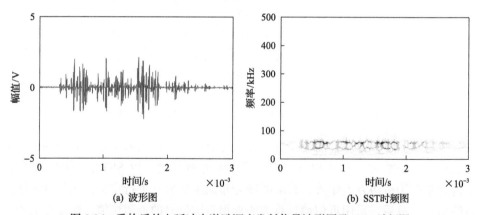

(a) 波形图　　　　　　　　　　　　　(b) SST时频图

图 8.26　重构后的电弧冲击激励源声发射信号波形图及 SST 时频图

图 8.27 为重构后的裂纹激励源声发射信号波形图及 SST 时频图。对比图 8.20 和图 8.27 可以发现，重构后的裂纹声发射信号波形在 2.8～3.0ms 内幅值减小，原因是这段信号对整体裂纹信号的特征贡献率较低，选取主成分时被舍去了。从 SST 时频图中可以看到，信号的能量集聚程度更高，裂纹激励源声发射信号主要分布在 100～180kHz 频段。

可以看出采用 PCA 方法对 SST 获得的时频率数据进行降维处理后，声发射信号特征得到了明显增强，对特征增强后的三种激励源声发射信号重新计算近似熵值并构建近似熵值特征向量。每种激励源声发射信号选择 200 组数据片段，每组数据片段长度为 1000，计算得到 200 个近似熵值。考虑到焊接过程的复杂性，对同一种激励源声发射信号计算得到的近似熵值可能会有明显的差异性，因此对于每类激励源声发射信号，随机选取 5 个近似熵值组成一组特征向量，得到 40 组近似熵特征向量。三种激励源声发射信号共计得到 120 组相应的特征向量，并分别构建训练样本集特征向量库和测试样本集特征向量库用于模式识别，部分声发射信号近似熵特征向量如表 8.5 所示。

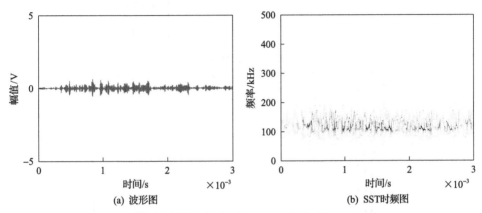

(a) 波形图　　　　　　　　　　　　(b) SST 时频图

图 8.27　重构后的裂纹激励源声发射信号波形图及 SST 时频图

表 8.5　特征增强后的三种激励源声发射信号近似熵特征向量

信号状态	组号	近似熵特征向量				
		C_1	C_2	C_3	C_4	C_5
摩擦	1	0.3012	0.3419	0.2984	0.4192	0.3555
	2	0.4099	0.3938	0.3224	0.3345	0.4032
	3	0.3745	0.3412	0.3271	0.2984	0.3792
	4	0.3441	0.3961	0.3524	0.3312	0.4354
	5	0.3334	0.3074	0.3468	0.3645	0.3571
电弧冲击	1	0.6771	0.7166	0.5819	0.5671	0.5799
	2	0.6605	0.6741	0.6478	0.7187	0.6855
	3	0.6125	0.6178	0.5624	0.5465	0.5882
	4	0.5847	0.7455	0.6138	0.6574	0.6725
	5	0.5124	0.5524	0.5354	0.6008	0.5741
裂纹	1	0.7881	0.9017	0.7425	0.9531	0.6934
	2	0.7703	0.7524	0.6902	0.7856	0.8472
	3	0.8245	0.8332	0.7452	0.7365	0.7875
	4	0.7415	0.7565	0.7198	0.7350	0.8554
	5	0.8290	0.7882	0.8845	0.8254	0.8661

　　图 8.28 为表 8.5 所列出的特征增强后的三种激励源声发射信号近似熵特征向量曲线图。从图中可以看出，裂纹声发射信号的近似熵值大于电弧冲击声发射信号和摩擦声发射信号的近似熵值，这是因为焊接裂纹产生的声发射信号复杂程度较高。

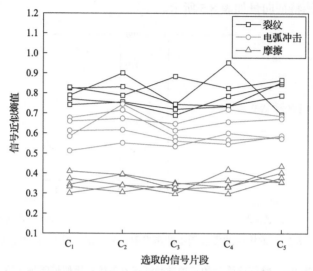

图 8.28　特征增强后的三种激励源声发射信号近似熵特征向量曲线图

　　对比图 8.28 与图 8.23 可以看出，特征向量间的耦合、交叉特性得到了较为明显的改善。对于不同激励源产生的声发射信号，构建的特征向量有着显著的区别，采用焊接裂纹声发射信号特征构建方法能够实现焊接过程摩擦、电弧冲击、裂纹声发射信号特征信息的定量表征。

8.6　本 章 小 结

　　本章介绍了一种基于频率特征的焊接裂纹声发信号 SST 分解方法，该方法选取 Morlet 小波作为 SST 的小波基函数，对声发射信号进行基于频率特征的 SST 分解，可实现噪声背景下声发射信号特征频带的分解。通过设计的焊接加热过程声发射信号测试实验，将基于频率特征的 SST 分解方法应用于焊接加热过程混合激励源声发射信号的分解，分别获取了摩擦、电弧冲击和裂纹三种激励源的声发射信号，并结合近似熵理论与 PCA 方法实现了三种激励源声发射信号特征的构建，构建的近似熵特征向量凸显了焊接过程各模态声发射信号的特征表征能力，能作为裂纹声发射信号定量识别的有效数值指标，为进行焊接裂纹识别提供了有效数据。

参 考 文 献

[1] Abdullah S, Nizwan C K E, Nuawi M Z. A study of fatigue data editing using the short-time Fourier transform (STFT) [J]. American Journal of Applied Sciences, 2009, 6(4): 565-575.

[2] Mujica F A, Leduc J P, Murenzi R, et al. A new motion parameter estimation algorithm based on the continuous wavelet transform[J]. IEEE Transactions on Image Processing, 2000, 9(5): 873-888.

[3] 邹虹, 保铮. 基于频域 "CLEAN" Wigner-Ville 分布中交叉项的抑制[J]. 电子与信息学报, 2002, 24(1): 1-5.

[4] Daubechies I, Lu J F, Wu H T. Synchrosqueezed wavelet transforms: An empirical mode decomposition-like tool[J]. Applied and Computational Harmonic Analysis, 2011, 30(2): 243-261.

[5] Clausel M, Oberlin T, Perrier V. The monogenic synchrosqueezed wavelet transform: A tool for the decomposition/demodulation of AM-FM images[J]. Applied and Computational Harmonic Analysis, 2015, 39(3): 450-486.

[6] Yang H Z, Ying L X. Synchrosqueezed curvelet transform for 2D mode decomposition[J]. Mathematics, 2013, 89: 194-210.

[7] Daubechies I, Maes S. A nonlinear squeezing of the continuous wavelet transform based on auditory nerve models[J]. Wavelets in Medicine and Biology, 1996, 41(7): 527-546.

[8] 庞浩, 李东霞, 俎云霄, 等. 应用 FFT 进行电力系统谐波分析的改进算法[J]. 中国电机工程学报, 2003, 23(6): 50-54.

[9] 崔锦泰. 小波分析导论[M]. 程正兴, 译. 西安: 西安交通大学出版社, 1995.

[10] Mitraković D, Grabec I, Sedmak S. Simulation of AE signals and signal analysis systems[J]. Ultrasonics, 1985, 23(5): 227-232.

[11] 汪祥莉, 王斌, 王文波, 等. 混沌干扰中基于同步挤压小波变换的谐波信号提取方法[J]. 物理学报, 2015, 64(10): 100201-100211.

[12] 刘义亚, 李可, 陈鹏. 基于同步压缩小波变换的滚动轴承故障诊断[J]. 中国机械工程, 2018, 29(5): 585-590.

[13] He K F, Liu X N, Yang Q, et al. An extraction method of welding crack acoustic emission signal using harmonic analysis[J]. Measurement, 2017, 103(5): 311-320.

[14] Saha A, Mondal S C. Multi-objective optimization of manual metal arc welding process parameters for nano-structured hardfacing material using hybrid approach[J]. Measurement, 2017, 102(5): 80-89.

[15] Saha A, Mondal S C. Multi-objective optimization of welding parameters in MMAW for nano-structured hardfacing material using GRA coupled with PCA[J]. Transactions of the Indian Institute of Metals, 2017, 70(6): 1491-1502.

[16] 崔建国, 严雪, 蒲雪萍, 等. 基于动态 PCA 与改进 SVM 的航空发动机故障诊断[J]. 振动、测试与诊断, 2015, 35(1): 94-99, 190.

[17] 马欣悦, 缑林峰, 赵晨阳, 等. 基于 PCA 和支持向量机的航空发动机故障诊断方法[C]. 中国航天第三专业信息网第三十九届技术交流会暨第三届空天动力联合会议, 洛阳, 2018: 97-110.

[18] Liu G Q, Gao X D, You D Y, et al. Prediction of high power laser welding status based on PCA and SVM classification of multiple sensors[J]. Journal of Intelligent Manufacturing, 2016, 30(2): 821-832.

[19] Gao X D, Liu G Q. Elucidation of metallic plume and spatter characteristics based on SVM during high-power disk laser welding[J]. Plasma Science and Technology, 2015, 17(1): 32-36.

[20] 李学军, 何能胜, 何宽芳, 等. 基于小波包近似熵和 SVM 的圆柱滚子轴承诊断[J]. 振动、测试与诊断, 2015, 35(6): 1031-1036, 1196.

[21] Pincus S M. Approximate entropy as a measure of system complexity[J]. Proceedings of the National Academy of Sciences of the United States of America, 1991, 88(6): 2297-2301.

[22] 曹彪, 吕小青, 曾敏, 等. 基于近似熵的短路过渡焊接规范分析[J]. 机械工程学报, 2007, 43(10): 50-54.

[23] 周晓晓, 王克鸿, 杨嘉佳, 等. 电压近似熵-SVM 铝合金双丝 PMIG 焊过程稳定性评价[J]. 焊接学报, 2017, 38(3): 107-111, 134.

[24] 曾求洪, 宾光富, 李学军, 等. 基于小波包近似熵与 LMS 加权特征融合异步电机故障诊断[J]. 噪声与振动控制, 2015, 35(5): 139-144.

第9章　基于声发射信号特征的焊接裂纹识别

焊接过程及结果具有不可重复性，往往难以获得大量的样本数据。由于焊接裂纹状态识别受到样本数量的限制，同时焊接过程结构材料会经历弹塑性变形到裂纹形成或扩展的状态演化，产生的声发射信号有连续、突变或混合类型，提取的表征裂纹状态的特征信息具有多参量、随机与非线性的特点。因此，单一的人工智能技术往往不能兼顾焊接裂纹识别中存在的小样本、状态演化、随机、多信息输入和非线性等问题，难以建立基于声发射敏感特征向量的裂纹识别模型。本章分别介绍 HMM 和 SVM 在焊接裂纹识别中的应用，在此基础上介绍基于隐马尔可夫模型-支持向量机(hidden Markov model-support vector machine, HMM-SVM)的混合智能焊接裂纹识别模型，并应用于焊接裂纹识别中。

9.1　基于 HMM 的焊接裂纹识别

9.1.1　HMM 基本理论与算法

HMM 是一个双重随机过程，由相互关联的两个随机过程共同描述信号的统计特性[1]。一个是隐蔽的、不可直接观测的且具有有限状态的 Markov 链，另一个是描述每个状态和观测值之间对应统计关系的观测值概率矩阵。HMM 以统计模型描述观测值序列，具有严密的数学结构，能够较完整地表达整个观测值序列的行为特性，其凭借时序模式分类的能力而被广泛地用于动态过程时间序列的建模上[2,3]。

HMM 结构示意图如图 9.1 所示。第一部分是 Markov 链，根据 π 、A 来生成状态序列；第二部分是 Markov 链的每种状态对应观测值序列的随机过程 B。本章所研究的为一阶 HMM，即当前时刻的状态只与前一个时刻的状态相关。

图 9.1　HMM 结构示意图

HMM 通常表示为

$$\eta = (N, M, A, B, \pi) \tag{9.1}$$

式中，N 为隐 Markov 链的状态数，记 N 个隐状态为 $\theta_1,\theta_2,\cdots,\theta_N$，则 t 时刻 Markov 链状态为 $q_t \in (\theta_1,\theta_2,\cdots,\theta_N)$；$M$ 为每个隐状态对应的可能的观测值数，记 M 个观测值为 $v_1,v_2,\cdots,v_M$，则 t 时刻观察到的观测值为 $o_t \in (v_1,v_2,\cdots,v_M)$；$A$ 为状态转移概率矩阵，$A=\left(a_{ij}\right)_{N\times N}$，其中 $a_{ij}=P\left(q_{t+1}=\theta_j \mid q_t=\theta_i\right)$ 表示从状态 i 转移到状态 j 的概率；B 为观测值概率矩阵，$B=\left(b_{jk}\right)_{N\times M}$，其中 $b_{jk}=P\left(o_t=v_k \mid q_t=\theta_j\right)$ 表示 t 时刻状态 j 出现观测值 v_k 的概率；π 为初始状态概率分布向量，用来表示隐 Markov 链从某一个状态 i 开始的概率，$\pi=\left(\pi_1,\pi_2,\cdots\pi_i,\cdots,\pi_N\right)$，其中 $\pi_i=P\left(q_i=\theta_i\right)$。

HMM 通过 A、B 和 π 的不同分布来描述双重随机过程，通常简记为

$$\eta=(A,B,\pi) \tag{9.2}$$

HMM 有三种基本算法[4]，具体如下。

1）维特比算法（Viterbi algorithm）

在给定观测序列 O 和模型 η 的条件下，求得使 $P(O|\eta)$ 最大的 $Q=\{q_1,q_2,\cdots,q_t\}$。

定义 $\gamma_t(i)=\max\limits_{q_1,\cdots,q_{t-1}} P\left(q_1,q_2,\cdots,q_{t-1},q_t=\theta_i,o_1,o_2,\cdots,o_t \mid \eta\right)$，即 t 时刻沿状态路径 $\{q_1,q_2,\cdots,q_{t-1}\}$ 且 $q_t=\theta_i$ 时产生观测值序列 $\{o_1,o_2,\cdots,o_t\}$ 的最大概率。

首先，设置初始值：

$$\gamma_1(i)=\pi_i b_{i1},\quad \theta_1(i)=0,\quad 1\leqslant i \leqslant N \tag{9.3}$$

然后，使用递归公式：

$$\begin{cases}\gamma_t(i)=\max\limits_{1\leqslant i\leqslant N}\left[\gamma_{t-1}(i)a_{ij}\right]b_{ji} \\ \varphi_t(j)=\arg\max\limits_{1\leqslant i\leqslant N}\left[\gamma_{t-1}(i)a_{ij}\right] \\ 2\leqslant t\leqslant T,\ 1\leqslant j\leqslant N\end{cases} \tag{9.4}$$

进而得出

$$P^*=\max\limits_{1\leqslant i\leqslant N}\left[\gamma_T(i)\right],\quad q_T^*=\arg\max\limits_{1\leqslant i\leqslant N}\left[\gamma_T(i)\right] \tag{9.5}$$

最后，得到最优状态序列：

$$q_t^*=\varphi_{t+1}\left(q_{t+1}^*\right),\quad t=T-1,T-2,\cdots,1 \tag{9.6}$$

2）前向-后向算法

输入观测序列 $O=\{o_1,o_2,\cdots,o_T\}$ 和模型 η，计算概率 $P(O|\eta)$。

(1) 前向算法过程如下：

首先，定义 $\alpha_t(i) = P\big(o_1, o_2, \cdots, o_t, q_t = \theta_i \,|\, \eta\big)$，设置初始值：

$$\alpha_1(i) = \pi_i b_{i1}, \quad 1 \leqslant i \leqslant N \tag{9.7}$$

然后，使用递归公式：

$$\alpha_{t+1}(j) = \left[\sum_{i=1}^{N} \alpha_t(i) a_{ij}\right] b_{j(t+1)}, \quad 1 \leqslant t \leqslant T-1, \ 1 \leqslant j \leqslant N \tag{9.8}$$

式中，$b_{j(t+1)} = P\big(o_{t+1} = v_k \,|\, q_t = \theta_j\big)$。

最后，得到

$$P(O \,|\, \eta) = \sum_{i=1}^{N} \alpha_T(i) \tag{9.9}$$

(2) 后向算法计算过程如下：

首先，定义后向变量 $\beta_t(i) = P\big(o_{t+1}, o_{t+2}, \cdots, o_T, q_t = \theta_i \,|\, \eta\big)$，设置初始值：

$$\beta_T(i) = 1, \quad 1 \leqslant i \leqslant N \tag{9.10}$$

然后，使用递归公式：

$$\beta_t(t) = \sum_{j=1}^{N} a_{ij} b_{j(t+1)} \beta_{t+1}(j), \quad t = T-1, T-2, \cdots, 1, 1 \leqslant i \leqslant N \tag{9.11}$$

式中，$b_{j(t+1)} = P\big(o_{t+1} = v_k \,|\, q_t = \theta_j\big)$。

最后，得到

$$P(O \,|\, \eta) = \sum_{i=1}^{N} \beta_1(i) \tag{9.12}$$

3) Baum-Welch 算法

给定观测序列 O，求得一个 η 使得 $P(O \,|\, \eta)$ 最大。

定义 $r_t(i, j) = P\big(q_t = \theta_i, q_{t+1} = \theta_j \,|\, O, \eta\big)$，有

$$r_t(i, j) = \frac{\alpha_t(i) a_{ij} b_{j(t+1)} \beta_{t+1}(j)}{P_r(O \,|\, \eta)} = \frac{\alpha_t(i) a_{ij} b_{j(t+1)} \beta_{t+1}(j)}{\sum\limits_{i=1}^{N} \sum\limits_{j=1}^{N} \alpha_t(i) a_{ij} b_{j(t+1)} \beta_{t+1}(j)} \tag{9.13}$$

则 t 时刻处于状态 θ_i 的概率为 $r_t(i)=\sum_{j=1}^{N}r_t(i,j)=\dfrac{\alpha_t(i)\beta_t(j)}{P_r(O|\eta)}$。$\sum_{t=1}^{T-1}r_t(i)$ 为 θ_i 转移次数

的期望值，$\sum_{t=1}^{T-1}r_t(i,j)$ 为状态 θ_i 到状态 θ_j 次数的期望值。重估公式为

$$\bar{\pi}_i=\gamma_1(i),\ \bar{a}_{ij}=\frac{\sum\limits_{t=1}^{T-1}r_t(i,j)}{\sum\limits_{t=1}^{T-1}r_t(i)},\ \bar{b}_{ij}=\frac{\sum\limits_{t=1,o_t=v_k}^{T}r_t(j)}{\sum\limits_{t=1}^{T}r_t(j)} \tag{9.14}$$

由于标准离散隐马尔可夫模型 (discrete hidden Markov model, DHMM) 只能用单观测序列进行模型训练，当利用多个观测样本进行 DHMM 训练时，重估公式需要修正。

对于 L 个观测序列集 $O=\left\{O^{(1)},O^{(2)},\cdots,O^{(L)}\right\}$，假设 $O^{(l)}=\left\{o_1^{(l)},o_2^{(l)},\cdots,o_T^{(l)}\right\}$ 相互独立，则概率 $P(O|\eta)$ 为

$$P(O|\eta)=\sum_{l=1}^{L}w_l P\left(O^{(l)}|\eta\right) \tag{9.15}$$

式中，

$$\begin{cases} w_1=\dfrac{1}{L}P\left(O^{(2)}|O^{(1)},\eta\right)\cdots P\left(O^{(L)}|O^{(L-1)}\cdots O^{(1)},\eta\right)\\ \vdots\\ w_L=\dfrac{1}{L}P\left(O^{(1)}|O^{(L)},\eta\right)\cdots P\left(O^{(L-1)}|O^{(L)}O^{(L-2)}\cdots O^{(1)},\eta\right) \end{cases}$$

对标准 HMM 中的重估公式进行修正：

$$\bar{\pi}_i=\sum_{l=1}^{L}\alpha_1^{(l)}(i)\beta_1^{(l)}(i)/P\left(O^{(l)}|\eta\right) \tag{9.16}$$

$$\bar{a}_{ij}=\frac{\sum\limits_{l=1}^{L}\left[\dfrac{1}{P_l}\sum\limits_{t=1}^{T_l-1}\alpha_t^{(l)}(i)a_{ij}b_j\left(o_{t+1}^{(l)}\right)\beta_{t+1}^{(l)}(i)\right]}{\sum\limits_{l=1}^{L}\left[\dfrac{1}{P_l}\sum\limits_{t=1}^{T_l-1}\alpha_t^{(l)}(i)\beta_t^{(l)}(i)\right]} \tag{9.17}$$

$$\bar{b}_{jk}=\frac{\sum\limits_{l=1}^{L}\left[\dfrac{1}{P_l}\sum\limits_{t=1,o_t=v_k}^{T_l}\alpha_t^{(l)}(j)\beta_t^{(l)}(j)\right]}{\sum\limits_{l=1}^{L}\left[\dfrac{1}{P_l}\sum\limits_{t=1}^{T_l}\alpha_t^{(l)}(j)\beta_t^{(l)}(j)\right]} \tag{9.18}$$

修正后的多观测序列 HMM 参数估计算法如下：首先根据多观测序列 O 和初始模型 $\eta_0 = (A_0, B_0, \pi)$，计算初始参数 π_i、a_{ij} 和 b_{jk}，根据前向算法和后向算法得出所有的 $\alpha_t^{(l)}(i)$ 和 $\beta_t^{(l)}(i)$；然后计算新的模型参数 $\bar{\pi}_i$、$\bar{a}_{ij}$ 和 $\bar{b}_{jk}$，并代入重估公式，重复上述过程，直至使 $P(O|\eta) = \prod_{l=1}^{L} P\left(O^{(l)} / \eta\right)$ 的值为最大，且 $\bar{\pi}_i$、$\bar{a}_{ij}$ 和 $\bar{b}_{jk}$ 收敛，此时的 $\bar{\eta}$ 为多观测序列下训练完成的 HMM。

9.1.2　HMM 结构

根据 9.1.1 节介绍的 HMM 算法可知，HMM 的建立首先需要确定 HMM 的结构，并对其进行初始化，然后对观察序列进行标量量化，最后由 Baum-Welch 算法进行模型训练。

1. HMM 的结构选取与参数初始化

由于离散隐马尔可夫模型(DHMM)与连续隐马尔可夫模型(continuous hidden Markov model, CHMM)相比，具有训练速度快、计算量小的优点，所以选用 DHMM 进行识别。

HMM 结构根据实际需要识别状态结构进行选择；隐 Markov 链状态数 N 根据状态分类得到；观测值数目 M 根据量化后的码级所确定；A、B、π 为待定参数，通过 Baum-Welch 算法进行迭代获得，在进行迭代前要先对其赋予初值，由于需要对观察序列进行标量量化，所以初始状态概率分布向量 π、状态转移概率矩阵 A 和观测值概率矩阵 B 对于初始值的影响比较小，可以随机或均匀选取，只要满足公式的约束条件即可[5]：

$$\sum_{i=1}^{N} \pi_i = 1, \quad \sum_{j=1}^{N} a_{ij} = 1, \quad \sum_{k=1}^{M} b_j(k) = 1, \quad 1 \leqslant i \leqslant N, 1 \leqslant j \leqslant N \quad (9.19)$$

2. 标量量化过程

当选用 DHMM 进行训练时，输入的 $O = \{o_1, o_2, \cdots, o_T\}$ 必须是离散型正整数。而本节构建的近似熵特征向量为实数向量，因此在进行 HMM 训练前需要对其进行标量量化。标量量化的结果对 HMM 的影响较大，直接关系到后续迭代训练的步数以及模型识别的准确度。选取的标量量化方法是在通信领域源编码中广泛使用的 Lloyd 算法[6-8]，其原理如下：

首先将特征矢量 X 分为 L 个相互独立的区域 $R_i(1 \leqslant i \leqslant L)$，$R_i$ 为量化间隔，然后在区域 R_i 内选取合适的点作为该区域内的量化级数，那么区域 R_i 内的值可以

量化为第 i 个量化级数，用 $\hat{x}_i$ 表示，即

$$x \in R_i = Q(x) = \hat{x}_i \tag{9.20}$$

同时为了评估量化效果，引入了失真误差。失真误差为

$$\text{distor} = \frac{1}{S} \sum_{i=1}^{L} (x_i - \hat{x}_i)^2 \tag{9.21}$$

Lloyd 算法标量量化的具体步骤如下：

(1) 确定码本长度 L，对码级向量 (codebook) 进行初始化；

(2) 根据最邻近条件计算分区向量 (partition)，分区向量的长度为 $L{-}1$，量化索引值 $\text{index}(x_i)$ 为

$$\text{index}(x_i) = \begin{cases} 1, & x \leqslant \text{partition}(1) \\ j, & \text{partition}(j) \leqslant x \leqslant \text{partition}(j+1) \\ L, & \text{partition}(L-1) \leqslant X \end{cases} \tag{9.22}$$

(3) 计算此次码级向量量化失真误差，将计算得到的失真误差与目标误差进行比较：

$$\text{distor} = \frac{1}{S} \sum_{i=1}^{L} \left\{ x_i - \text{codebook}\left[\text{index}(x_i)\right] \right\}^2 \tag{9.23}$$

(4) 根据质心条件生成新的 codebook，返回步骤 (2) 进行迭代。

为了尽可能地减小 HMM 的建模误差，需要对特征向量进行标量量化，量化的关键就是确定码本长度 L，本章结合 HMM 和 Lloyd 算法确定码本长度 L：首先根据特征参数的特点，选取较适合的 5～10 种码级进行标量量化并计算其量化失真误差；然后排除量化失真误差大的码级，保留量化失真误差小的码级；最后用码级量化后的特征参数训练 HMM，计算模型收敛后的对数似然概率值，对数似然概率值越大，说明特征参数和模型之间的匹配程度越高，选取对数似然概率值最大时所对应的码级。

3. HMM 训练

在 HMM 的训练过程中，需要根据观察序列 $O = \{o_1, o_2, \cdots, o_T\}$ 和初始模型 $\eta_0 = (A_0, B_0, \pi)$，利用 Baum-Welch 算法重估公式 (9.14) 对模型参数进行重估得到新的模型 $\eta = (A, B, \pi)$，并计算出此时的极大似然概率值，新模型 η 即局部最优模型。

综上所述，HMM 的建立流程如图 9.2 所示。首先确定隐 Markov 链；然后采用 Lloyd 算法量化观察序列 O，并初始化模型参数；最后根据 Baum-Welch 算法对各个参数进行计算，为了保证训练得到的新模型 η 为全局最优模型，模型重估后还需要设定一个收敛阈值(乘以 10^{-6})进行收敛评估，直至收敛为止。

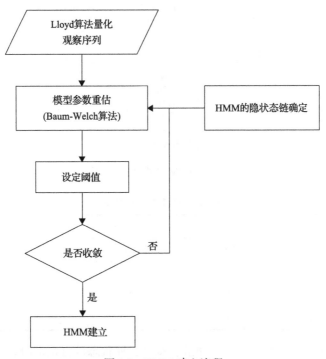

图 9.2　HMM 建立流程

9.1.3　HMM 在焊接裂纹识别中的应用

将 HMM 应用于焊接裂纹识别中。首先按照 9.1.2 节的 HMM 建立方法训练三个模型：HMM_1(摩擦激励源声发射信号模型)，HMM_2(电弧冲击激励源声发射信号模型)，HMM_3(裂纹激励源声发射信号模型)；然后将量化后的观测变量(测试样本特征向量) $O_t = \{o_1, o_2, \cdots, o_t\}$ 分别输入三个 HMM，采用前向-后向算法进行识别，每个模型分别输出一个对数似然概率值 $P(O|\eta)$ (该值反映了特征向量与各个 HMM 的相似程度)，所得到的最大对数似然概率值对应的 HMM 即识别状态。图 9.3 为基于 HMM 的焊接裂纹识别流程。

从建立的训练样本集中选取 30 组特征向量进行 HMM 训练，从测试样本集中选取 90 组特征向量输入模型进行识别，识别结果如表 9.1 所示。

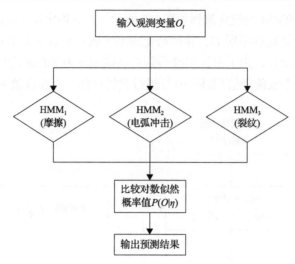

图 9.3　基于 HMM 的焊接裂纹识别流程

表 9.1　HMM 识别结果

测试信号	状态类型			识别准确率/%
	摩擦	电弧冲击	裂纹	
30 组摩擦测试信号	27	2	1	90.00
30 组电弧冲击测试信号	0	26	4	86.67
30 组裂纹测试信号	1	1	28	93.33

　　当采用 HMM 对摩擦、电弧冲击、裂纹三种状态进行识别时，由于受到噪声影响，且 HMM 本身就存在一定的建模误差，可能会发生三种模型输出的对数似然概率值之间相差很小而导致识别错误的情况，所以采用单一 HMM 进行识别，裂纹识别准确率难以达到很高，存在一定的局限性。

9.2　基于 SVM 的焊接裂纹识别

9.2.1　SVM 基本理论与算法

　　SVM 是一种建立在统计学理论基础上的分类方法。设有两类线性可分的样本集合[9](x_i, y_i)，其中，$i = 1, 2, \cdots, l$，$x_i \in \mathbb{R}^n$，$y \in \{+1, -1\}$，l 为样本数，n 为维数。线性判别函数的一般形式为 $f(x) = \omega x + b$，对应的分类平面方程为

$$\omega x + b = 0 \tag{9.24}$$

式中，$\omega = [\omega_1, \omega_2, \cdots, \omega_n]$ 为确定一个超平面的权重向量；b 为常数。

最优超平面约束条件为

$$y_i(\omega \cdot x_i + b) \geqslant 1, \quad i = 1, 2, \cdots, l \tag{9.25}$$

图 9.4 为最优分类超平面 H。实心点和空心点为两类样本，H 为分类线，H_1、H_2 上的数据样本称为支持向量。确定 H 后使 H_1 与 H_2 之间的分类间隔最大，那么 H 为最优分类线，将其推广到多维空间，就是最优分类超平面[10]。

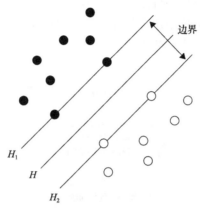

图 9.4　最优分类超平面

定义如下拉格朗日函数求解此优化问题：

$$L(\omega, b, \zeta) = \frac{1}{2}(\omega \cdot \omega)^2 - \sum_{i=1}^{l} \zeta_i \left[y_i(\omega \cdot x + b) - 1 \right] \tag{9.26}$$

式中，ζ 为由拉格朗日乘子 ζ_i 组成的向量。

由拉格朗日函数 $L(\omega, b, \zeta)$ 对 ω 和 b 求偏导，得到

$$\omega = \sum_{i=1}^{l} \zeta_i y_i x_i \tag{9.27}$$

决策函数为

$$f(x) = \mathrm{sgn}\left[(\omega \cdot x) + b \right] = \mathrm{sgn}\left[\sum_{i=1}^{l} \zeta_i y_i (x \cdot x_i) + b \right] \tag{9.28}$$

当研究对象为非线性问题时，可根据非线性映射 $\phi : \mathbb{R}^n \to F, \, x \to \phi(x)$，将原空间 $\mathbb{R}^n$ 中的样本 x 映射到高维线性可分特征空间 F，待分类的样本变为 $\{\phi(x_1), \phi(x_2), \cdots, \phi(x_n)\}$，同时引入核函数 $K(x_i, x_j)$ 解决 ϕ 难求解的问题[11]：

$$f(x) = \sum_{i=1}^{n} \zeta_i y_i \langle \phi(x_i), \phi(x) \rangle + b = \sum_{i=1}^{n} \zeta_i y_i k(x_i, x) + b \tag{9.29}$$

核函数 $K(x_i, x_j)$ 可用于将原始输入空间投射到高维特征空间，它具有良好的局部区域，便于扩展到未知目标分类。

9.2.2 SVM 模型

1. SVM 模型训练过程

图 9.5 为 SVM 模型建立流程图。首先构造核函数，寻找合适的惩罚因子 C；然后在高维特征向量空间中解决凸优化问题；最后验证风险上界，当所有特征空间中的风险上界最小时，模型建立完毕。

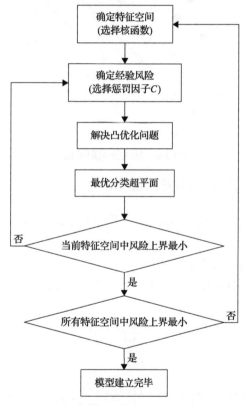

图 9.5 SVM 模型建立流程图

2. SVM 模型参数优化

由 SVM 算法的描述和训练过程可以看出，采用 SVM 解决非线性分类问题时先要选取合适的核函数。

常用的核函数有线性内核、多项式内核、径向基核和 sigmoid 核等。其中，径向基核函数具有良好的学习能力，以及很广的收敛域，是理想的分类函数，其

在线性不可分情形下相比其他核函数具有更好的适用性和推广性。径向基核函数
如下：

$$k\left(x_i, x_j\right) = \exp\left(-\frac{\left|x_i - x_j\right|^2}{2g^2}\right) \tag{9.30}$$

式中，g 为径向基核函数参数。

　　由式(9.26)和图 9.5 可知，SVM 训练过程中需要设置核函数参数 g 和惩罚因
子 C，其大小决定了模型的复杂度和训练误差。为得到最优的分类器，可使用交
叉验证法[12,13]结合图 9.5 训练过程对参数进行优化选择。

9.2.3　SVM 在焊接裂纹识别中的应用

　　由于 SVM 本身适用于二分类问题，本节采用二元 SVM 建立多元分类器。
为了识别焊接过程的摩擦激励源声发射信号、电弧冲击激励源声发射信号和裂
纹激励源声发射信号，需设计两个独立分类器。对于 SVM$_1$，定义 $f(x)=1$ 表示
识别出摩擦激励源声发射信号，$f(x)=-1$ 表示识别出电弧冲击或者裂纹激励源声
发射信号，那么摩擦激励源声发射信号可以被 SVM$_1$ 识别出来；对于 SVM$_2$，定
义 $f(x)=1$ 表示识别出电弧冲击激励源声发射信号，$f(x)=-1$ 表示识别出裂纹激励
源声发射信号，那么电弧冲击激励源声发射信号和裂纹激励源声发射信号也可以
被 SVM$_2$ 识别出来。

　　图 9.6 为基于 SVM 的裂纹识别流程图。当采用 SVM 进行分类测试时，将测
试样本集特征向量输入 SVM$_1$ 中，如果 $f(x)=1$，那么摩擦激励源声发射信号能够
被识别出来，否则特征向量会自动输入 SVM$_2$ 中，在 SVM$_2$ 中，如果 $f(x)=1$，那
么电弧冲击激励源声发射信号能够被识别出来；如果 $f(x)=-1$，那么裂纹激励源
声发射信号能够被识别出来。

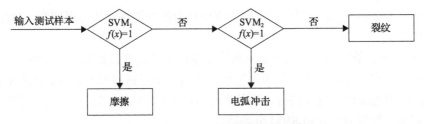

图 9.6　基于 SVM 的裂纹识别流程图

　　采用相同的训练样本集特征向量和测试样本集特征向量进行裂纹识别，SVM
训练中选取径向基核函数，每次识别选取的核函数参数 g 和惩罚因子 C 由交叉验
证最优选取。SVM 识别结果如表 9.2 所示。

表 9.2 SVM 识别结果

测试信号	状态类型			识别准确率/%
	摩擦	电弧冲击	裂纹	
30 组摩擦测试信号	30	0	0	100
30 组电弧冲击测试信号	1	28	1	93.33
30 组裂纹测试信号	0	3	27	90

从识别结果可以看出，基于 SVM 的识别方法在处理前后时刻的状态存在一定转移关系的裂纹信号时，只依照当前时刻的裂纹状态信号特征进行判决，未能充分利用信号前后时刻的状态信息，其对数据信息考虑的单一性会导致分类得到的结果实际上是不可能发生的。

9.3 基于 HMM-SVM 的焊接裂纹识别

9.3.1 基于 HMM-SVM 的焊接裂纹识别模型

HMM 能够有效反映裂纹演变过程中的状态转移与依赖关系，但是其基于对数似然概率值进行判别的原理会导致二分类能力较弱，而 SVM 识别虽然没有充分利用信号前后时刻的状态信息，但模型的正则化(经验风险最小化和结构风险最小化)可以保证识别结果的准确性，还能兼顾焊接裂纹状态识别难以获得理想样本、样本数量受到限制的情况，两者之间具有很好的互补性。因此，结合 HMM 和 SVM 在焊接裂纹识别中的应用优势和特点，建立了基于 HMM-SVM 的焊接裂纹识别模型。该模型本质上是将三类识别问题经过 HMM 筛选后转换成 SVM 擅长的二分类识别问题，既保证了小样本情况下的裂纹状态识别准确率，还兼顾了 HMM 对裂纹状态演变趋势的描述能力，这对在焊接过程中进一步确认焊接裂纹并及时应对是十分重要的。

基于 HMM-SVM 的焊接裂纹识别模型分为模型训练和状态识别两个阶段，具体步骤如下。

(1)模型训练阶段：按照第 2 章和第 3 章的方法构建特征向量样本库，并分成训练样本集和测试样本集。利用训练样本集特征向量进行模型训练，HMM 的训练方法与单独应用 HMM 进行识别的训练方法相同，SVM 训练在一对一策略的思想下完成，得到 HMM 和 SVM 分类器。

(2)状态识别阶段：将测试样本集特征向量先输入训练好的 HMM 中进行识别，由向前、向后算法计算出每个模型输出的对数似然概率，对数似然概率的大小反映了测试样本和模型的匹配程度，选取对数似然概率值的最大值和次大值对应的状态作为 SVM 分类器的输入，将原本的三分类问题转换为二分类问题，再利用测试样本集特征向量作为 SVM 的输入向量进行二分类辨别。识别过程按照投票法进行，得票率最高的状态为识别结果，如果出现得票率相同的情况，则按照对数似然概率值的大小进行判别。

图 9.7 为基于 HMM-SVM 的焊接裂纹识别模型的原理框图，可以看出模型分为两部分，通过状态识别范围相结合。第一部分为 HMM 层，通过计算测试样本与三种模型间的匹配程度缩小状态范围，对状态进行初步分类，同时通过各状态对数似然概率值的变化对状态演化的趋势进行描述；第二部分为 SVM 层，根据其强二分类能力，在缩小的范围内对状态进行进一步甄别，从而达到联合识别的效果。

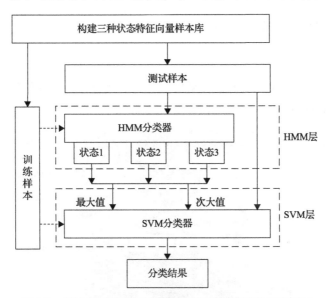

图 9.7　基于 HMM-SVM 的焊接裂纹识别模型的原理框图

9.3.2　基于 HMM-SVM 的焊接裂纹识别模型的应用

基于 HMM-SVM 的焊接裂纹识别模型综合了 HMM 的状态转移和依赖能力，以及 SVM 的小样本强扩展能力，将其应用于焊接裂纹识别，识别结果如表 9.3 所示。

表 9.3　HMM-SVM 模型识别结果

测试信号	状态类型			识别准确率/%
	摩擦	电弧冲击	裂纹	
30 组摩擦测试信号	30	0	0	100
30 组电弧冲击测试信号	0	29	1	96.67
30 组裂纹测试信号	0	2	28	93.33

在 30 组电弧冲击测试信号中，基于 HMM-SVM 的焊接裂纹识别准确率为

96.67%，优于 HMM 或 SVM 单一方法的识别结果。单一的 HMM 或 SVM 识别方法引起的误判，在模型中大部分都得到了识别结果，效果良好。这主要原因是模型结合了 HMM 和 SVM 的优点，减少了 HMM 中无效投票的数量。利用该模型进行焊接裂纹状态识别，既可以弥补 HMM 模型通过最大对数似然概率进行识别时存在误判的潜在危险，也可以降低 SVM 模型存在的忽略前、后时刻之间的关系造成误判的可能性。

9.4　焊接冷却过程裂纹声发射信号识别

9.4.1　焊接冷却过程裂纹声发射信号采集实验

1. 实验设备及材料

焊接冷却过程裂纹声发射信号采集实验在焊接过程声发射信号测试平台上进行，如图 9.8(a)所示。

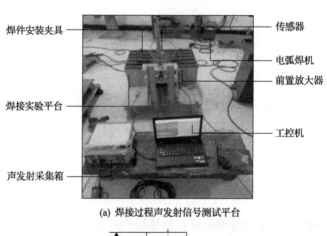

(a) 焊接过程声发射信号测试平台

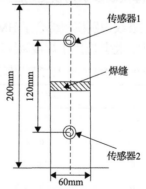

(b) 焊件尺寸和传感器布置示意图

图 9.8　采集实验现场图和焊件声发射传感器布置

实验选用的焊件材料为灰口铸铁平板，几何尺寸为 200mm×60mm×3mm，材料牌号为 HT200。声发射传感器为 SR150M 通用型传感器，布置在离中心焊缝距离为 60mm 处，连接 PAI 前置放大器以提高信号强度。焊件尺寸和传感器布置示意图如图 9.8(b) 所示。

2. 实验内容与参数设置

焊接冷却过程裂纹声发射信号采集实验分为两个部分：

(1) 手工电弧焊实验，采用手工电弧焊方法对灰口铸铁平板进行平板堆焊，焊条型号为 J422，直径为 2.5mm，焊接电压为 350V，焊接电流为 100～120A。

(2) 焊接冷却过程声裂纹发射信号同步监测与采集。声发射信号采集系统的参数设置如表 9.4 所示。

表 9.4　声发射信号采集系统的参数设置

参数项	采样频率/kHz	采样长度	参数间隔/μs	波形门限/dB	软件闭锁时间/μs
参数值	2500	2000	1000	45	1000

3. 实验步骤

(1) 实验所用仪器和试件的布局、安装和调试。首先进行手工电弧焊机和声发射信号采集系统的布局与安装；然后将焊件安装在夹具上；最后在焊件上点焊进行焊接测试，通过断铅实验调试声发射系统通道连接和传感器的灵敏度。

(2) 参数设置。打开 SAEU2S 多通道声发射信号采集系统，进行采集参数设置；在手工电弧焊机上设置焊接工艺参数。

(3) 在实验平台上开始焊接冷却过程裂纹声发射信号采集实验。在焊件上进行平板手工堆焊，在焊接结束后将传感器布置在焊缝的两侧，通过声发射信号采集系统实时采集焊接冷却过程中的声发射信号。

9.4.2　焊接冷却过程裂纹声发射信号特征提取

图 9.9 为采集到的焊接冷却过程声发射信号波形图及频谱图。从波形图可以看出，焊接冷却过程裂纹声发射信号波形密集程度较高；从频谱图可以看出，声发射信号的频率主要集中在 10～200kHz 频段。

由于上述整段样本信号的数据点为 250000，实际计算过程中存在计算机内存不足等问题，所以选取信号中 70～74ms 的信号片段，如图 9.10 所示，其数据点数为 10000。对该段信号进行 SST，由 SST 时频图可以看出：整段信号频率分布范围较大，在 10～220kHz 内均有能量分布，其中在 1～2ms 既存在以 40kHz 为中心频率的低频分量，也存在以 120kHz 为中心频率的高频分量，2.5～3ms 的信号能量主要集中在 40～100kHz 频段，这种情况下难以对焊接裂纹各个阶段进行准确区分。

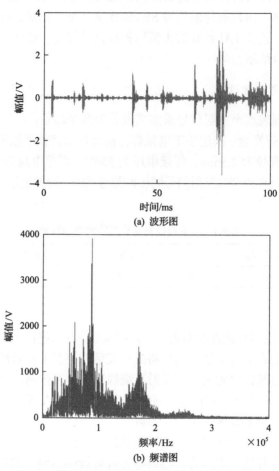

(a) 波形图

(b) 频谱图

图 9.9　焊接冷却过程声发射信号波形图及频谱图

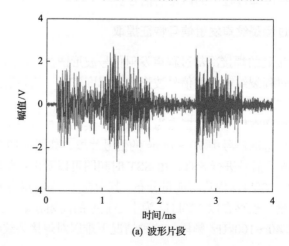

(a) 波形片段

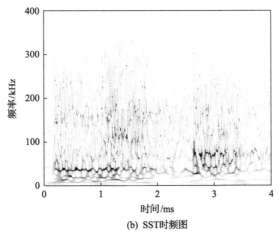

(b) SST时频图

图 9.10　焊接冷却过程声发射信号波形片段及 SST 时频图

　　采用基于频率特征的 SST 分解方法对焊接冷却过程声发射信号进行分解。弹性变形阶段，声发射信号频率主要集中在 10～100kHz；塑性变形阶段，声发射信号频率主要集中在 80～150kHz；裂纹扩展至断裂阶段，声发射信号频率主要集中在 140～200kHz。考虑到这三个阶段的声发射信号频段存在部分重叠交叉的特性，为了确保能够得到三个阶段的有效信号，采用 SST 方法对信号进行三层分解，选择分解频段 10～80kHz 作为焊接过程弹性变形阶段声发射有效信号，选择分解频段 100～140kHz 作为焊接过程塑性变形阶段声发射有效信号，选择分解频段 150～200kHz 作为焊接裂纹扩展至断裂阶段声发射有效信号。

　　图 9.11 为 SST 分解得到的焊接冷却过程弹性变形阶段声发射有效信号波形图及时频图。图 9.12 为 SST 分解得到的焊接冷却过程塑性变形阶段声发射有效信号波形图及时频图。图 9.13 为 SST 分解得到的焊接冷却过程裂纹扩展至断裂阶段声发射有效信号波形图及时频图。

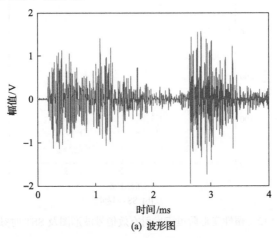

(a) 波形图

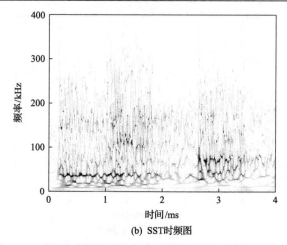

(b) SST时频图

图 9.11　弹性变形阶段声发射有效信号波形图及 SST 时频图

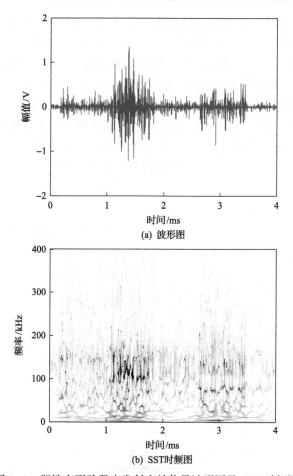

(a) 波形图

(b) SST时频图

图 9.12　塑性变形阶段声发射有效信号波形图及 SST 时频图

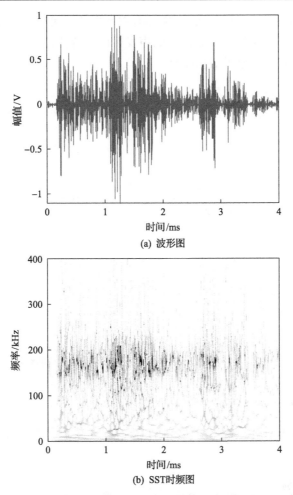

(a) 波形图

(b) SST时频图

图 9.13　裂纹扩展至断裂阶段声发射有效信号波形图及 SST 时频图

采用焊接裂纹声发射信号特征构建方法对弹性变形阶段、塑性变形阶段和裂纹扩展至断裂阶段的声发射信号进行特征构建：首先对各阶段信号进行 PCA 特征增强处理，然后计算特征增强后信号的近似熵值用以构建近似熵特征向量。

选取 200 组焊接冷却过程裂纹声发射信号片段，每片段数据长度为 10000，经过 SST 分解、PCA 特征增强和近似熵值计算可以得到三个阶段各 200 个共计 600 个近似熵值。考虑到焊接过程的复杂性，同一种状态中计算得到的近似熵值可能会有明显的差异性，因此对每种状态随机选取 5 个近似熵组成一组特征向量，共得到 40 组近似熵特征向量，三种状态共计得到 120 组相应的特征向量。通过计算得到的近似熵特征向量可以构建特征向量样本库，按对应的状态可以分为 30 组训练样本集特征向量库和 90 组测试样本集特征向量库。

图 9.14 为每种状态对应的 5 组近似熵特征向量曲线图。从图中可以看出，三

种状态的近似熵特征向量区分明显,能够有效地表征焊接冷却过程弹性变形阶段、塑性变形阶段、裂纹扩展至断裂阶段的声发射信号特征,可以作为焊接冷却过程裂纹声发射信号定量识别的数值指标。

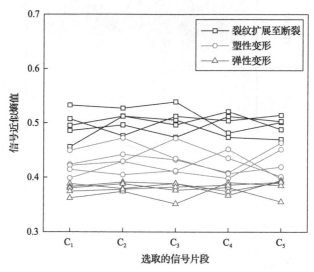

图 9.14　三种状态声发射信号近似熵特征向量曲线图

9.4.3　焊接冷却过程裂纹状态识别

采用建立的 HMM、SVM 模型和 HMM-SVM 模型分别对焊接冷却过程裂纹状态进行识别。

1. HMM 识别

在进行 HMM 识别前需要对特征参数进行标量量化,使用 Lloyd 算法对近似熵特征向量 T 进行量化编码,量化后得到特征向量 T'。

首先根据特征参数的特点,选取 5、10、15、20、25、30 这 6 个码级进行量化失真误差的讨论。图 9.15 为 6 个码级下计算得到的量化失真误差曲线,从图中可以看出,码级 5 和 10 的量化失真过大,不利于模型的训练,因此先排除掉。

然后根据 15、20、25、30 这 4 个码级分别对近似熵训练样本集特征向量进行标量量化,并用量化后的特征参数分别训练三种状态下的 HMM,记为 HMM_1(弹性变形阶段)、HMM_2(塑性变形阶段)、HMM_3(裂纹扩展至断裂阶段),每种 HMM 收敛后的极大对数似然概率值如图 9.16 所示。由 HMM 算法特性可知,极大对数似然概率值越大,训练样本与模型越匹配。从图 9.16 中可以看出,码级 15 的 3 个 HMM 的对数似然概率值都是最大的,说明该码级下标量量化后的样本与

HMM 匹配程度较高。因此，选取量化码级 15 对近似熵特征向量样本库进行标量量化。

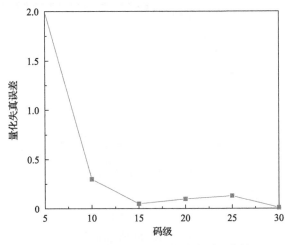

图 9.15　不同码级下的量化失真误差曲线

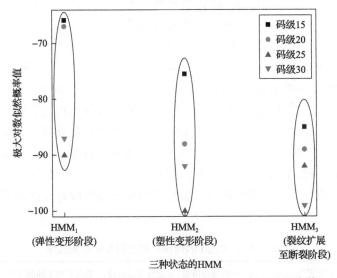

图 9.16　三种 HMM 在不同码级下的极大对数似然概率值

最后从训练样本集特征向量库中选取 30 组特征向量，使用 Lloyd 算法对近似熵特征向量进行码级 15 的量化编码。本节所要识别的焊接冷却过程状态为弹性变形阶段、塑性变形阶段、裂纹扩展至断裂阶段三种状态，由此确定 HMM 为三状态结构，Markov 链状态数目 N 根据状态分类取为 3；M 为状态对应的可能的观测值数目，对于 DHMM，M 的值根据量化后的码级确定，取为 $M=15$；参数 A、B、π 根据式(9.15)选取，迭代最大步数设为 30，采用 Baum-Welch 算法进行参数估计，获得重估模型 $\bar{\eta}$ 。HMM 训练曲线如图 9.17 所示。

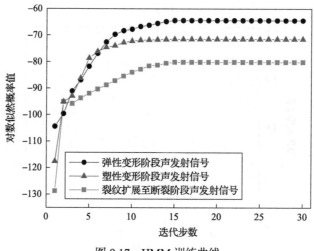

图 9.17　HMM 训练曲线

从图 9.17 中可以看出，HMM 训练收敛速度较快，在 15～20 步时三种状态的 HMM 基本完成迭代，模型训练时间仅为 1s 左右。

表 9.5 为 30 组测试样本识别结果。从表 9.5 中可以看出，HMM 对于弹性变形阶段和裂纹扩展至断裂阶段两个状态的识别准确率比较高，分别为 93.33% 和 90%，对于塑性变形阶段的识别准确率仅为 86.67%，这是 HMM 的特性所决定的，因为 HMM 虽然有较强的时序建模能力，但是其分类能力相对要弱一些，塑性变形阶段有两个"相邻"的状态，在 HMM 识别时更容易被误判为"相邻"的弹性变形阶段和裂纹扩展至断裂阶段。从表 9.5 中还可以看出，在弹性变形阶段和裂纹扩展至断裂阶段的识别中，发生误判时均被判为塑性变形阶段，其中弹性变形阶段有 2 次被误判为塑性变形阶段，裂纹扩展至断裂阶段有 3 次被误判为塑性变形阶段。

表 9.5　基于 HMM 的焊接冷却过程裂纹识别结果

测试信号	弹性变形阶段	塑性变形阶段	裂纹扩展至断裂阶段	识别准确率/%
30 组弹性变形阶段测试信号	28	2	0	93.33
30 组塑性变形阶段测试信号	1	26	3	86.67
30 组裂纹扩展至断裂阶段测试信号	0	3	27	90

2. SVM 识别

从训练样本集特征向量库中选取同样的 30 组特征向量进行 SVM 训练，选择径向基核函数,每次识别选取的核函数参数 *g* 和惩罚因子 *C* 由交叉验证最优选取。
90 组相同测试样本特征向量的 SVM 识别结果如表 9.6 所示。

表 9.6　基于 SVM 的焊接冷却过程裂纹识别结果

测试信号	弹性变形阶段	塑性变形阶段	裂纹扩展至断裂阶段	识别准确率/%
30 组弹性变形阶段测试信号	30	0	0	100
30 组塑性变形阶段测试信号	0	28	2	93.33
30 组裂纹扩展至断裂阶段测试信号	0	1	29	96.67

从表 9.6 中可以看出,SVM 模型在识别塑性变形阶段时的误判率较高,都误
判为裂纹扩展至断裂阶段;识别裂纹扩展至断裂阶段时仅有 1 次误判,进行弹性
变形阶段的识别时分类完全正确,这三种状态的识别准确率都要优于 HMM。90 组
样本的整体识别率为 96.67%。

3. HMM-SVM 模型识别

在焊接冷却过程裂纹声发射信号特征微弱,裂纹状态演变过程中三种状态的
近似熵特征向量存在一定相似性的复杂条件下,HMM 和 SVM 的识别效率和识别
准确率都受到了影响。HMM 对比较相近状态的分类能力较弱,在采用 HMM 进
行识别时由于模型输出的对数似然概率值差别很小会导致误判,因此引入 SVM 来
提升模型对相近状态的分离能力,即通过 HMM-SVM 模型进行焊接裂纹识别。该
模型结合 HMM 的状态转移和依赖能力以及 SVM 的小样本强扩展能力来识别焊
接冷裂纹。

采用 HMM-SVM 模型对焊接冷却过程裂纹声发射信号进行识别,识别结果如
表 9.7 所示。

表 9.7　基于 HMM-SVM 模型的焊接冷却过程裂纹识别结果

测试信号	弹性变形阶段	塑性变形阶段	裂纹扩展至断裂阶段	识别准确率/%
30 组弹性变形阶段测试信号	30	0	0	100
30 组塑性变形阶段测试信号	0	29	1	96.67
30 组裂纹扩展至断裂阶段测试信号	0	0	30	100

对比表 9.5、表 9.6 和表 9.7 的识别结果可以看出,基于 HMM-SVM 模型的整
体识别准确率为 98.89%,特别是对塑性变形阶段的识别准确率有了较大提升,达
到了 96.67%。由此可知,基于声发射信号特征的焊接裂纹识别方法能较为准确地
识别焊接冷却过程裂纹。

9.5　本章小结

本章采用 HMM 和 SVM 方法进行裂纹状态识别。首先介绍了 HMM 和 SVM 的基本理论和算法，将其分别应用于焊接裂纹识别，总结了 HMM 和 SVM 的识别特性。其次，介绍了基于 HMM-SVM 的焊接裂纹识别模型，先由 HMM 进行初步筛选，得到焊接裂纹演变过程中最为接近的两种可能状态，再采用 SVM 分类器得到最终识别结果，这样既发挥了 HMM 的状态转移和依赖能力，又充分利用了 SVM 在小样本下的强二分类能力。最后，设计了焊件拉伸过程声发射信号测试实验和焊接冷却过程裂纹声发射信号测试实验，将模型应用于焊接裂纹识别中，能够有效识别焊接裂纹声发射信号特征，验证了焊接裂纹识别方法的有效性。

参 考 文 献

[1] 于天剑, 陈特放, 陈雅婷, 等. HMM 在电机轴承上的故障诊断[J]. 哈尔滨工业大学学报, 2016, 48(2): 184-188.

[2] 李莹, 刘三明, 王致杰, 等. 基于隐马尔科夫模型的风电齿轮箱故障程度评估[J]. 太阳能学报, 2017, 38(6): 1495-1500.

[3] 胡为, 高雷, 傅莉. 基于最优阶次 HMM 的电机故障诊断方法研究[J]. 仪器仪表学报, 2013, 34(3): 524-530.

[4] Song S, Chen H B, Lin T, et al. Penetration state recognition based on the double-sound-sources characteristic of VPPAW and hidden Markov model[J]. Journal of Materials Processing Technology, 2016, 234(6): 33-44.

[5] 郑荣书, 董辛旻, 李岩, 等. 离散隐 Markov 模型在滑动轴承故障诊断中的应用[J]. 煤矿机械, 2014, 35(11): 290-292.

[6] Veprek P, Bradley A B. An improved algorithm for vector quantizer design[J]. IEEE Signal Processing Letters, 2002, 7(9): 250-252.

[7] 吴婷婷, 曾毓敏. 一种基于改进的矢量量化技术的语音波形编码[J]. 电子工程师, 2007, 33(10): 28-30.

[8] 程力勇, 米高阳, 黎硕, 等. 基于主成分分析-支持向量机模型的激光钎焊接头质量诊断[J]. 中国激光, 2017, 44(3): 76-83.

[9] He K F, Li X J. A quantitative estimation technique for welding quality using local mean decomposition and support vector machine[J]. Journal of Intelligent Manufacturing, 2016, 27(3): 525-533.

[10] 柳新民, 刘冠军, 邱静. 基于 HMM-SVM 的故障诊断模型及应用[J]. 仪器仪表学报, 2006, 27(1): 45-48, 53.

[11] 刘亮, 杨长祺, 倪加明, 等. 2219 铝合金变极性 TIG 焊熔透状态识别方法[J]. 上海交通大学学报, 2016, 50(S1): 71-74.

[12] 罗小燕, 陈慧明, 卢小江, 等. 基于网格搜索与交叉验证的 SVM 磨机负荷预测[J]. 中国测试, 2017, 43(1): 132-135, 144.

[13] 奉国和. SVM 分类核函数及参数选择比较[J]. 计算机工程与应用, 2011, 47(3): 123-124, 128.